普通高等院校计算机基础教育"十四五"规划教材

大学计算机基础案例教程

梁 燕 何 桥 ◎主 编

王菲菲 孙开岩 ◎副主编

中国铁道出版社有限公司

CHINA RAILWAY PUBLISHING HOUSE CO., LTD.

内 容 简 介

　　本书是一本学习计算机基础知识、掌握计算机应用技能的基础教材，教材内容系统全面，具有很强的知识性、实用性和可操作性。

　　本书共 8 章，主要内容包括计算机基础知识、Windows 10 操作系统、Word 2016 字处理软件、Excel 2016 电子表格软件、PowerPoint 2016 演示文稿软件、计算机网络、多媒体技术基础、IT 新技术，部分章节配有相应的案例和习题，读者可以通过扫描二维码观看案例的操作视频。

　　本书由浅入深，将知识点和案例相结合，可以作为高等院校非计算机专业的大学计算机基础课程教学用书，也可以作为各类成人教育的培训教材和教学参考书。

图书在版编目（CIP）数据

大学计算机基础案例教程 / 梁燕，何桥主编 . —北京：
中国铁道出版社有限公司 , 2021.8（2023.2 重印）
普通高等院校计算机基础教育"十四五"规划教材
ISBN 978-7-113-28073-4

Ⅰ.①大… Ⅱ.①梁… ②何… Ⅲ.①电子计算机 - 高等
学校 - 教材 Ⅳ.① TP3

中国版本图书馆 CIP 数据核字 (2021) 第 114425 号

书　　　名：大学计算机基础案例教程
作　　　者：梁　燕　何　桥

策　　划：刘丽丽　　　　　　　　　　　　编辑部电话：（010）51873202
责任编辑：刘丽丽　许　璐
封面设计：高博越
责任校对：孙　玫
责任印制：樊启鹏

出版发行：中国铁道出版社有限公司（100054，北京市西城区右安门西街 8 号）
网　　址：http://www.tdpress.com/51eds/
印　　刷：番茄云印刷（沧州）有限公司
版　　次：2021 年 8 月第 1 版　2023 年 2 月第 3 次印刷
开　　本：787 mm×1 092 mm　1/16　印张：14.5　字数：349 千
书　　号：ISBN 978-7-113-28073-4
定　　价：45.80 元

前 言

　　飞速发展的计算机技术和日益普及的计算机应用，对高等学校的计算机基础教学提出了越来越高的要求。为了进一步推动高等学校的计算机基础教学改革，提高教学质量，适应新时期对高素质人才计算机基本理论和操作技能的需求，我们组织具有多年一线教学经验的教师们编写了本书。鉴于非计算机专业种类较多，不同专业之间教学差别较大，本书在编写时遵循了非计算机专业的特点，具有较宽的适用面，利于实施不同层次、不同对象的计算机基础教学。考虑到教学内容的可操作性和实用性，本书在内容编写上以小实训为引导，以案例进行综合应用，使读者通过案例、视频和习题的学习，加深对基本概念的理解和掌握，提高计算机操作技能水平。

　　本书作为计算机基础类教材，注重基础、加强实践、突出应用，使学生通过学习，能够较好地掌握计算机基础知识，并具备基本的计算机应用能力。本书内容基于Windows 操作系统平台，主要包括计算机基础知识、Windows 10 操作系统、Word 2016 字处理软件、Excel 2016 电子表格软件、PowerPoint 2016 演示文稿软件、计算机网络、多媒体技术基础、IT 新技术，部分章节配有相应的案例和习题，读者可以通过扫描二维码观看案例的操作视频。本书可以作为高等院校非计算机专业的大学计算机基础课程教学用书，也可以作为各类成人教育的培训教材和教学参考书。

　　本书由梁燕、何桥任主编，由王菲菲、孙开岩任副主编，韩智颖、张丽明、孙继刚、周婉婷、刘振宇、李大鹏等参与编写。全书具体编写分工如下：第 1 章由何桥、周婉婷编写；第 2 章由梁燕编写；第 3 章由孙开岩编写；第 4 章由韩智颖编写；第 5 章由张丽明编写；第 6 章由刘振宇、李大鹏编写；第 7 章由王菲菲编写；第 8 章由孙继刚编写，全书由梁燕、何桥统稿。

　　由于作者的水平和经验有限，本书难免存在不足之处，敬请读者提出宝贵意见。

编　者

2021 年 5 月

目　录

第 1 章

计算机基础知识

学习目标

- 了解计算机的发展简史。
- 熟悉计算机的特点、分类及应用领域。
- 掌握计算机中数的表示和运算。
- 掌握计算机系统的组成。
- 熟悉微型计算机的配置与安装。

1.1 计算机发展简史

1946 年 2 月，美国为了满足军事上的需要，由宾夕法尼亚大学研制成功世界上第一台电子数字计算机（Electronic Numerical Integrator and Computer，ENIAC）。这台计算机是一个庞然大物，它用了约 18 800 个电子管，1 500 个继电器，重达 30 t，占地面积 170 m^2，耗电 150 kW，每秒能进行 5 000 次加法运算，与现在的计算机相比不可同日而语。但是，ENIAC 的成功奠定了电子计算机技术发展的基础，是计算机发展史上的一个里程碑。

在推动计算机发展的诸多因素中，电子器件的发展是一个重要因素。电子计算机更新换代的主要标志，除了电子器件的更新之外，还有计算机系统结构方面的改进和计算机软件发展等重要因素。计算机更新换代的时间大致划分如下：

第一代（1946—1958 年），电子管计算机。这一代计算机采用的基本逻辑元器件是电子管，内存储器采用汞延迟线或磁鼓、磁芯，外存储器采用磁带等。编程语言主要采用机器语言、汇编语言。因此，第一代电子计算机体积庞大、速度慢、可靠性差、耗电多、造价昂贵，并且编程调试工作烦琐，使用不方便。这一代计算机主要应用于军事和科学研究工作。

第二代（1959—1964 年），晶体管计算机。这一代计算机的硬件部分采用了晶体管，内存储器采用铁氧磁芯和磁鼓，外存储器采用磁带、磁盘，外设种类也有所增加，软件已经开始有很大的发展，出现了 FORTRAN、COBOL、ALGOL 等各种高级语言及编译程序。与第一代计算机相比，晶体管计算机体积小、功能强、成本低、可靠性增强，而且计算机的工作效率也大大提高。这一代计算机除了进行科学计算之外，在数据处理方面也有了广泛的应用。

第三代（1965—1970 年），集成电路计算机。这一代计算机随着半导体集成技术的发展，采用中、小规模集成电路，使得几十、几百甚至上千个元件能够集成在只有几平方毫米的半导体芯片上。计算机使用集成电路，体积进一步缩小，耗电量减少，可靠性和运行速度明显增加。在技术上引进了多道程序和并行处理，操作系统的功能也不断地趋于完善，这些都更加方便了人们对计算机的使用。在这一时期，计算机在科学计算、数据处理和过程控制等方面都得到了较为广泛的应用。

第四代（1971 年至今），大规模、超大规模集成电路计算机。这一代计算机逻辑元器件采用了大规模集成电路，软件更加丰富，数据库系统迅速普及并开始形成网络，操作系统的功能更加强大，图像识别、语音处理和多媒体技术都有了很大发展。

计算机更新换代的显著特点是体积缩小、重量减轻、速度提高、成本降低、可靠性增强。微型计算机是人们目前接触最多的计算机，微型计算机系统升级换代的标志是微处理器的更新和系统组成的变革。正是由于微型计算机的发展和普及，才使得计算机的应用范围迅速拓展到目前社会活动的各个领域。

1.2 计算机的特点和分类

随着计算机技术的发展，计算机的类型越来越多样化，计算机的性能也在不断增强，应用的领域越来越广泛。

1.2.1 计算机的特点

1. 自动进行实时控制和数据处理

人们把处理的对象和问题预先编好程序，并存储于计算机中，一旦开始执行，计算机能够安全、自动地进行实时控制和数据处理。

2. 计算精度高

在数据处理过程中，计算机采用二进制数存储与计算，其运算精度随着字长位数的增加而提高。目前，微型计算机处理的字长位数已经达到 64 位。

3. 存储数据容量大

计算机存储的数据量越大，可以记住的信息量也越大。目前个人计算机（Personal Computer，PC）一般使用的内存容量是 8 ～ 32 GB，硬盘（外存）的容量是 500 GB ～ 4 TB，并且可以继续扩展。

4. 运算速度快

计算机的运算速度十分快，这是其他计算工具无法比拟的。目前个人计算机的运算速度已经达到了每秒数亿次，使复杂的科学计算问题得到了解决。

5. 可靠的逻辑判断能力

计算机不但可以进行算术运算，还可以对处理的信息进行各种逻辑判断、逻辑推理和复杂的定理证明，保证计算机数据处理与控制的正确性。

6. 共享信息资源

计算机利用通信网络平台，进行网上通信、共享远程信息资源。

1.2.2 计算机的分类

根据计算机性能与用途的不同，一般将其分为巨型计算机、大型和中型计算机、小型计算机、工作站和微型计算机等。

1. 巨型计算机

巨型计算机也称为超级计算机，这种计算机结构复杂、功能最强、运算速度最快，主要用来承担重大的科学研究、国防尖端技术、大型计算课题及数据处理任务等。

2. 大型、中型计算机

巨型计算机和大型、中型计算机的主要区别在于运算速度、存储容量和使用场合。大型、中型计算机具有中央处理器（Central Processing Unit，CPU）利用率高，多任务处理能力强和密集的 I/O（输入 / 输出）处理能力等特点，主要应用于大中型企业，以及金融、证券等行业。

3. 小型计算机

小型计算机是一个处理能力比较强的系统，与大型计算机相比，其性能适中、价格较低、容易使用和管理，可以在系统终端上为多个用户执行任务。因此，小型计算机适合中、小型企业，科研部门和学校等单位使用。

4. 工作站

工作站介于个人计算机和小型计算机之间，其运算速度比个人计算机快，具有较强的网络通信功能，主要应用于图像处理和计算机辅助设计等方面。

5. 微型计算机

微型计算机具有性能强、通用性好、软件丰富和价格低等特点，应用的领域也越来越广泛，根据不同使用场合和使用目的，可以分为单片机、单板机、台式机和笔记本电脑等。

1.3 计算机的应用领域

计算机的应用十分广泛，目前已经渗透到人类活动的各个领域，国防、科技、工业、农业、商业、交通运输、文化教育、政府部门、服务等各行各业都在广泛地应用计算机来解决各种实际问题。

1. 科学计算

科学计算是计算机应用的一个十分重要的领域，主要是为了快速解决科学技术和工程设计中存在的大量的数学计算问题。例如，卫星发射参数的计算、空气动力学的计算等，都需要高速计算机进行快速而精确的计算才能完成。

2. 数据处理

数据处理已经成为计算机应用的一个重要领域，利用数据库系统软件实现财务管理、人事管理、物资管理和市场预测等；利用计算机网络技术实现信息交换、资源共享等，提高工作效率和工作质量。

3. 实时控制

实时控制是计算机在过程控制方面的重要应用。实时是指计算机的运算、控制时间与被控制过程的真实时间相适应。通过计算机对工业生产的实时控制，可以实现工业生产全自动化。

4. 计算机辅助技术

计算机辅助技术是指利用计算机帮助人们进行各种设计、处理等工作，它主要包括计算机辅助设计（Computer Aided Design，CAD）、计算机辅助制造（Computer Aided Manufacturing，CAM）、计算机辅助教学（Computer Aided Instruction，CAI）和计算机辅助测试（Computer Aided Test，CAT）。另外，计算机辅助技术还有辅助生产、辅助绘图和辅助排版等。

5. 人工智能

人工智能（Artificial Intelligence，AI）是利用计算机软、硬件系统模拟人的某些智能行为，如感应、判断、推理和学习。人工智能是在计算机科学、仿生学和心理学等基础上发展的学科，它是计算机应用的一个崭新领域，如专家系统、智能机器人等。

6. 电子商务

电子商务（Electronic Commerce，EC）是在互联网开放的环境下，基于浏览器/服务器（B/S）应用方式，实现消费者的网上购物、商户之间的网上交易和在线电子支付的一种新型的商业运营模式。

1.4 计算机中数的表示和运算

计算机中使用的数据一般可以分为两大类：数值数据和字符数据。数值数据常用于表示数的大小与正负；字符数据则用于表示非数值的信息，如英文、汉字、图形和语音等数据。数据在计算机中是以器件的物理状态（开或关）来表示的，因此，各种数据在计算机中都是用二进制编码的形式来表示。

1.4.1 进位计数制

按进位的原则进行计数的方法，称为进位计数制。例如，在十进制中，是根据"逢十进一"的原则进行计数的。

一个十进制数，它的数值是由数码0，1，…，8，9来表示的。数码所处的位置不同，代表数的大小也不同。从数值的右侧起依次是个位、十位、百位、千位等，个、十、百、千等在数学上被称为"位权"或"权"。每一位上的数码与该位"位权"的乘积表示了该位数值的大小。另外，十进制中的10被称为基数，基数为10的进位计数制按"逢十进一"的原则进行计数。"位权"和"基数"是进位计数制中的两个要素。

在计算机中，常用的是十进制、二进制和十六进制，它们之间的对应关系如表1-1所示。

表1-1　十进制、二进制、十六进制的关系

十进制	二进制	十六进制
00	0000	0
01	0001	1
02	0010	2
03	0011	3
04	0100	4
05	0101	5
06	0110	6
07	0111	7
08	1000	8
09	1001	9
10	1010	A
11	1011	B
12	1100	C
13	1101	D
14	1110	E
15	1111	F

1. 十进制数

在十进制中，563.62 可以表示为：

$(563.62)_{10}=5\times10^2+6\times10^1+3\times10^0+6\times10^{-1}+2\times10^{-2}$

2. 二进制数

二进制的基数是 2，即"逢二进一"，它使用 0 和 1 两个数码，利用 0 和 1 可以表示开关的通、断状态，其表示方法如下：

$(10111.101)_2=1\times2^4+0\times2^3+1\times2^2+1\times2^1+1\times2^0+1\times2^{-1}+0\times2^{-2}+1\times2^{-3}$

3. 十六进制数

十六进制数由 0～9 和 A～F 数码组成，其中 A～F 分别代表 10～15，其基数为 16，即"逢十六进一"。其表示方法如下：

$(2AC7.1F)_{16}=2\times16^3+10\times16^2+12\times16^1+7\times16^0+1\times16^{-1}+15\times16^{-2}$

1.4.2　不同进制数之间的转换

1. 十进制数与二进制数之间的转换

1）十进制整数转换成二进制整数

十进制整数转换成二进制整数，通常采用"除 2 取余法"。所谓"除 2 取余法"，就是将已知的十进制数反复除以 2，若每次相除之后余数为 1，则对应于二进制数的相应位为 1；余数为 0，则相应位为 0。第一次除法得到的余数是二进制数的低位，最后一次得到余数是二进制数的高位，从低位到高位逐次进行，直到商为 0。最后一次除法所得的余数为 K_{n-1}，则 $K_{n-1}K_{n-2}\cdots K_1K_0$ 即为所求的二进制数。

例如，将 $(215)_{10}$ 转换成二进制整数，转换过程如下：

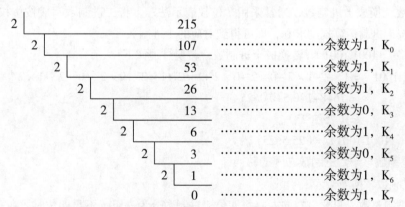

所以，$(215)_{10}=(K_7K_6K_5K_4K_3K_2K_1K_0)_2=(11010111)_2$

2）十进制纯小数转换成二进制纯小数

十进制纯小数转换成二进制纯小数，通常采用"乘 2 取整法"。所谓"乘 2 取整法"，就是将已知十进制纯小数反复乘以 2，每次乘以 2 后，若所得数的整数部分为 1，相应位为 1；整数部分为 0，则相应位为 0。从高位向低位逐次进行，直到满足精度要求或乘以 2 后的小数部分为 0。最后一次乘以 2 所得的整数部分为 K_{-m}，转换后，所得的纯二进制小数为 $K_{-1}K_{-2}\cdots K_{-m}$。

例如，将 $(0.6531)_{10}$ 转换成纯二进制小数，转换过程如下：

$$
\begin{array}{r}
0.653\ 1 \\
\times)\qquad\qquad 2 \\
\hline
1+\ 0.306\ 2 \quad\cdots\cdots\cdots\cdots \text{整数部分}=1,\ K_{-1} \\
\times)\qquad\qquad 2 \\
\hline
0.612\ 4 \quad\cdots\cdots\cdots\cdots \text{整数部分}=0,\ K_{-2} \\
\times)\qquad\qquad 2 \\
\hline
1+\ 0.224\ 8 \quad\cdots\cdots\cdots\cdots \text{整数部分}=1,\ K_{-3} \\
\times)\qquad\qquad 2 \\
\hline
0.449\ 6 \quad\cdots\cdots\cdots\cdots \text{整数部分}=0,\ K_{-4} \\
\times)\qquad\qquad 2 \\
\hline
0.899\ 2 \quad\cdots\cdots\cdots\cdots \text{整数部分}=0,\ K_{-5} \\
\times)\qquad\qquad 2 \\
\hline
1+\ 0.798\ 4 \quad\cdots\cdots\cdots\cdots \text{整数部分}=1,\ K_{-6}
\end{array}
$$

如果只取六位小数就能满足精度要求，则得到：

$$（0.6531)_{10}=（0.K_{-1}K_{-2}\cdots K_{-m})_2$$
$$\approx（0.K_{-1}K_{-2}K_{-3}K_{-4}K_{-5}K_{-6})_2$$
$$\approx（0.101001)_2$$

由此可见，十进制纯小数不一定能转换成完全等值的二进制纯小数。遇到这种情况时，根据精度要求，取近似值。

所以，$（215.6531)_{10}\approx（11010111.101001)_2$

3）二进制数转换成十进制数

二进制数转换成十进制数，通常采用"位权表示法"，将二进制数写成按位权展开的多项式之和，再按十进制运算规则求和，即可得到对应的十进制数。

例如，将$（11001.1001)_2$转换成十进制数，转换过程如下：

$$（11001.1001)_2=1\times 2^4+1\times 2^3+0\times 2^2+0\times 2^1+1\times 2^0+1\times 2^{-1}+0\times 2^{-2}+0\times 2^{-3}+1\times 2^{-4}$$
$$=16+8+1+0.5+0.0625$$
$$=（25.5625)_{10}$$

所以，$（11001.1001)_2=（25.5625)_{10}$

2．二进制数与十六进制数之间的转换

1）二进制数转换成十六进制数

对于二进制整数，只要自右向左将每四位二进制数分为一组，不足四位时，在左侧添0，补足四位；对于二进制小数，只要自左向右将每四位二进制数分为一组，不足四位时，在右侧添0，补足四位；然后将每组数用相应的十六进制数代替，即可完成转换。

例如，将$（101101101.0100101)_2$转换成十六进制数，转换过程如下：

$$（0001\ 0110\ 1101\ .\ 0100\ 1010)_2$$
$$\downarrow\qquad\downarrow\qquad\downarrow\qquad\ \downarrow\qquad\downarrow$$
$$（1\qquad 6\qquad D\quad\ .\quad 4\qquad A)_{16}$$

所以，$（101101101.0100101)_2=（16D.4A)_{16}$

2）十六进制数转换成二进制数

将十六进制数转换成二进制数，只要将每一位十六进制数用四位相应的二进制数表示，即可完成转换。

例如，将（1863.5B）$_{16}$转换成二进制数，转换过程如下：

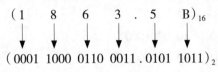

所以，（1863.5B）$_{16}$=（1100001100011.01011011）$_2$

1.4.3　带符号数的表示及运算

在实际应用中数有正、负之分，那么，在计算机中数应该如何表示呢？计算机中所能表示的数或其他信息都是数字化的，即用数字 0 或 1 表示数的正、负号，一个数的最高位为符号位，若该位为 0，则表示正数；若该位为 1，则表示负数。

例如，将 +20 和 −20 用八位二进制数表示如下：

$$+20 \qquad\qquad 00010100$$
$$-20 \qquad\qquad 10010100$$

其中第一位为符号位。这种在计算机中使用的、连同符号一起数字化了的数，称为机器数。而真正表示数值大小的部分，并按一般书写规则表示的原值被称为真值，即

真值 　　　　　　　　　机器数

$$+0010100 \qquad\qquad 00010100$$
$$-0010100 \qquad\qquad 10010100$$

也就是说，在机器数中用 0 和 1 取代了真值中的正、负号。

计算机中对带符号数的表示方法有原码、反码和补码 3 种。

1. 原码

正数的符号位用 0 表示，负数的符号位用 1 表示，这种表示方法称为原码。

例如，将 +8 和 −8 用原码表示如下：

$$X=+8 \qquad\qquad [X]_原=0\ 0001000$$
$$X=-8 \qquad\qquad [X]_原=1\ 0001000$$

符号位 数值

在原码表示时，+8 和 −8 的数值位相同，而符号位不同。

2. 反码

正数的反码与其原码形式相同；负数的反码是将其原码符号位除外，其他各位逐位取反。

例如，将 +8 和 −8 用反码表示如下：

$$X=+8 \qquad\qquad [X]_反=0\ 0001000$$
$$X=-8 \qquad\qquad [X]_反=1\ 1110111$$

3. 补码

用补码表示是为了方便加、减运算，即把减法变为加法，这在计算机中特别实用。

正数的补码与其原码形式相同；负数的补码是将其原码符号位除外，其他各位逐位取反，最后在末位加 1。

例如，将 +8 和 −8 用补码表示如下：

$$X=+8 \qquad [X]_原=0\ 0001000$$
$$[X]_补=0\ 0001000$$
$$X=-8 \qquad [X]_原=1\ 0001000$$
$$[X]_反=1\ 1110111$$
$$[X]_补=1\ 1111000$$

1.4.4 二进制编码

在计算机中，数是用二进制表示的。除了数以外，计算机也能够识别和处理各种字符，如大小写英文字母、标点符号等。由于计算机中的基本物理器件是具有两种状态的器件，所以各种字符只能用若干位二进制码的组合来表示，这就是二进制编码。常用有以下两种数据编码。

1. ASCII 码

ASCII 码是美国标准信息交换代码，它是国际标准化组织 ISO 认定的国际标准。

标准的 ASCII 码是用一个字节的低 7 位（最高位为 0）来表示 128 个不同符号。其中的 95 个编码对应着计算机终端能输入并可以显示或打印的 95 个字符；另外 33 个编码是控制字符，它们不能显示。例如，数字字符 0 ~ 9 的 ASCII 码是 30H ~ 39H（H 表示十六进制数），大写英文字母 A ~ Z 和小写英文字母 a ~ z 的 ASCII 码也是连续的，分别为 41H ~ 5AH 和 61H ~ 7AH。ASCII 码如表 1-2 所示。

表 1-2 ASCII 码

列		0	1	2	3	4	5	6	7
行	MSD / LSD	000	001	010	011	100	101	110	111
0	0000	NUL	DLE	SP	0	@	P	`	p
1	0001	SOH	DC1	!	1	A	Q	a	q
2	0010	STX	DC2	″	2	B	R	b	r
3	0011	ETX	DC3	#	3	C	S	c	s
4	0100	EOT	DC4	$	4	D	T	d	t
5	0101	ENG	NAK	%	5	E	U	e	u
6	0110	ACK	SYN	&	6	F	V	f	v
7	0111	BEL	ETB	'	7	G	W	g	w
8	1000	BS	CAN	(	8	H	X	h	x
9	1001	HT	EM	)	9	I	Y	i	y
A	1010	LF	SUB	*	:	J	Z	j	z
B	1011	VT	ESC	+	;	K	[	k	{
C	1100	FF	FS	,	<	L	\	l	|
D	1101	CR	GS	—	=	M	]	m	}
E	1110	SO	RS	.	>	N	^	n	~
F	1111	SI	VS	/	?	O	_	o	DEL

2. 汉字编码

计算机处理汉字时同样要将其转化为二进制编码，这就需要对汉字进行编码。由于汉字是象形文字，其形状和笔画多少差异极大，而且汉字数量较多，不能由键盘直接输入，所以必须编码转换后存放到计算机中再进行处理操作。在一个汉字处理系统中，需要解决汉字输入、输出及计算机内部的编码问题。

根据计算机在处理汉字过程中的不同要求，汉字编码一般分为输入码、国标码、机内码和字形输出码。汉字信息处理流程如图 1-1 所示。

图 1-1　汉字信息处理流程

1.4.5　位、字节和字的基本概念

在计算机中，表示数据的基本单位有位、字节和字。

1. 位（bit）

计算机存储信息的最小单位是"位"，是指二进制数中的一个数位，一般称为比特（bit），其值为"0"或"1"。

2. 字节（Byte）

计算机中经常使用字节（Byte）作为计量单位，一个字节由 8 位二进制数组成，其最小值为（00000000）$_2$=0，最大值为（11111111）$_2$=255。一个字节对应计算机的一个存储单元，字节常用大写字母"B"表示。计算机的存储容量一般都很大，所以常用 KB（千字节）、MB（兆字节）、GB（吉字节）、TB（太字节）为单位。它们之间的换算关系如下：

1 KB=1 024 B，1 MB=1 024 KB，1 GB=1 024 MB，1 TB=1 024 GB

3. 字（word）

计算机进行信息处理、加工和传送的数据长度称为一个字。一个字由一个字节或若干个字节组成。通常，计算机的字长决定了其通用寄存器、运算器的位数和数据总线的宽度。字长越长，计算机的处理能力越强，运算精度越高，指令功能越强。所以，字长是评价计算机性能的一个非常重要的指标。计算机的字长一般为字节（8 位）的整数倍。

1.5　计算机系统的基本组成

1.5.1　冯·诺依曼计算机的基本结构

冯·诺依曼（J.von Neumann）是美籍匈牙利计算机科学家，被誉为"电子计算机之父"。目前世界上已经投入应用的电子计算机，均采用"冯·诺依曼体系结构"，即这一体系结构的设计思想来自冯·诺依曼。

在第一台通用电子计算机 ENIAC 研制期间，冯·诺依曼考察了 ENIAC 的特性，发现其功能存在一定局限性，每次需要根据待计算的问题重新连接线路，程序和计算不分离。因此，冯·诺依曼希望能够设计制造通用性更好的计算机。随后他起草了"101 页报告"，提出了"离散变量自动电子计算机（Electronic Discrete Variable Automatic Computer，EDVAC）"。EDVAC 的设计方案明确了电子计算机的硬件系统（物理实体）构成，即由运算器、控制器、存储器、输入设备和输出设备五大部件组成，如图1-2 所示。

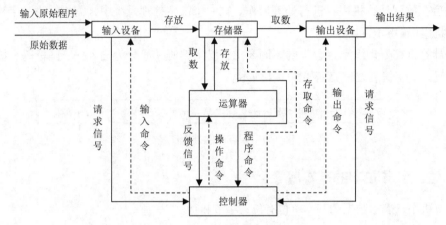

图1-2　计算机的基本结构

1. 中央处理器

中央处理器（Central Processing Unit，CPU）由运算器和控制器组成，是计算机的核心组成部分。CPU 的外观如图1-3 所示。

图1-3　中央处理器（CPU）

1）运算器

运算器是对二进制信息或数据进行加工和处理的部件，通常称为算术逻辑单元（Arithmetic and Logic Unit，ALU）。运算器的主要功能是进行算术运算和逻辑运算，算术运算是指加、减、乘和除等基本运算；逻辑运算是指"与""或""非""异或"等运算。

2）控制器

控制器是计算机系统的重要部件，它是计算机的控制枢纽和指挥中心，对计算机发出各种控制指令，控制各个部件协同工作，只有在它的控制下计算机才能有条不紊地工作，自动执行程序。

CPU 决定了计算机的性能和速度，它的主要功能是按照程序给出的指令序列来分析指令、执行指令，完成对数据的加工处理。计算机所发生的全部动作都受 CPU 的管理和控制。随着计算机技术的快速发展，CPU 的多核心技术应运而生，所谓多核处理器是指在一枚处理器中集成了多个完整的计算机引擎（内核），换句话说，就是将多个物理处理器核心整合入一个核中。以 Intel 和 AMD 公司为代表推出的处理器多核技术，将推动处理器多核化。

2. 存储器

存储器是计算机系统中存储程序和数据的装置。它的基本功能是存储二进制形式的各种信息，一般分为主存储器和辅助存储器，主存储器又称内存储器（简称内存），辅助存储器又称外存储器（简称外存）。内存位于系统主机板上，它直接与 CPU 进行信息交换，主要特点是：运行速度快，容量较小。外存不能直接与 CPU 进行信息交换，主要特点是：存取速度相对内存要慢得多，但存储容量大。

1）内存

内存主要由只读存储器（Read Only Memory，ROM）和随机存储器（Random Access Memory，RAM）构成。

只读存储器 ROM 是一种内容只能读出而不能修改的存储器，其存储的信息在制作该存储器时就已经被写入，并永久性地保存在 ROM 中，计算机断电后，ROM 中的信息不会丢失。ROM 一般存放计算机系统管理程序，如计算机系统中的 ROM–BIOS。

随机存储器 RAM 也称为可读写存储器，计算机断电后，保存在 RAM 中的信息将全部丢失。RAM 一般有两类。

（1）静态随机存储器（Static RAM，SRAM）：SRAM 运行速度快，CPU 内部的一级缓存 L1 Cache、二级缓存 L2 Cache 一般采用这种存储器。SRAM 造价高，存储容量小。

（2）动态随机存储器（Dynamic RAM，DRAM）：DRAM 用于计算机系统内存，被制造成内存条，如图 1–4 所示。

DRAM 比 SRAM 工作速度慢，但比 SRAM 造价低，存储容量大。

台式计算机内存条　　　　　　　　　　笔记本计算机内存条

图 1-4　内存条

2）外存

由于内存的容量有限，不可能容纳所有的系统软件和应用软件，因此，计算机系统都要配置外存储器。外存储器中存放着计算机系统几乎所有的信息，其中的信息要被送入内存后才能使用，即计算机通过内、外存之间信息交换来使用外存中的信息。常用的外存有磁盘存储器、光盘存储器、可移动硬盘以及 U 盘等。

（1）硬盘。硬盘从存储结构的角度可以分为机械硬盘（HDD，传统硬盘）和固态硬盘（SSD，新式硬盘）两类，二者外形结构如图 1–5 所示。

机械硬盘是磁碟型的，数据存储在磁碟扇区里，最主要的两个参数是容量和转速。目前微型计算机上所配置的硬盘容量主要有 500 GB ～ 4 TB 不等，转速主要有 5 400 r/min、5 900 r/min、7 200 r/min、10 000 r/min；而固态硬盘是使用闪存颗粒制作而成，读取速度相对机械硬盘更快，其内部不存在任何机械部件，不怕碰撞、冲击、振动。

（2）光盘。光盘主要利用激光原理存储和读取信息。光盘一般分为：只读光盘、一次性写入光盘和可擦写光盘。光盘如图 1–6 所示。

- 只读光盘：包括 CD–ROM、DVD–ROM 等。光盘的生产厂家根据用户要求将信息写入光盘中，用户只能将信息读出、不能更改。
- 一次性写入光盘：包括 CD–R、DVD–R 等。光盘中的信息可以由用户一次性写入，用户可以多次读出、不能改写。
- 可擦写光盘：包括 CD–RW、DVD–RW 等。这种光盘可以反复读写。

图 1-5　机械硬盘和固态硬盘

图 1-6　光盘

CD 光盘容量通常为 700 MB 左右，DVD 光盘容量通常为 4.5 GB 左右，二者均采用红光读写盘片。但随着大数据时代的到来，它们的存储容量已经不能满足用户的需要，蓝光光盘是新一代光盘格式，容量能够达到 25 GB 以上。

（3）可移动外存储器。可移动外存储器一般是 USB 接口的存储设备，具有容量大、速度快、不易损坏、存放数据可靠性高等特点，目前被广泛地使用。

① U 盘。U 盘是通过 USB 接口与计算机相连，可以读写信息、传送文件，其可擦写次数在100 万次以上，存储容量一般在 8 GB 以上，不需要外接电源，即插即用。它体积小、容量大、存取速度快、存储数据可靠、携带方便，如图 1-7 所示。

② 可移动硬盘。可移动硬盘通过 USB 接口与计算机相连，是一种便携式的大容量存储系统。它容量大、存取速度快、兼容性好、即插即用，存储容量一般在 500 GB 以上，如图 1-8 所示。

3）存储器层次结构

存储器层次结构如图 1-9 所示。大致划分为 4 个层次：第 4 层是 CPU 中的寄存器，容量一般很小，可以看作 CPU 内部的存储器；第 3 层是高速缓冲存储器（Cache）；第 2 层是主存储器（内存）；第 1 层是外存储器。在存储器层次结构中，寄存器、Cache 和主存储器位于主机内部，CPU 可以直接访问；外存储器是用来长久保存程序和数据的装置，外存中的信息只有调入内存才能供 CPU 使用。从存储器层次结构中可以看到：层次越高，存取速度越快；层次越低，存储容量越大。

图 1-7　U 盘

图 1-8　可移动硬盘

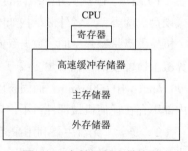

图 1-9　存储器层次结构图

3. 输入设备

输入设备将信息用各种方法输入计算机中，将原始信息转化为计算机能够接受的二进制码，并将它们送入内存，以便计算机进行处理。常用的输入设备有：键盘、鼠标、触摸屏、扫描仪和数码相机等。

1）键盘

键盘是计算机最基本的输入设备，如图 1-10 所示。用户向计算机发出的命令、编写的程序等都要通过键盘输入计算机中，使计算机能够按照用户发出的指令来操作，实现人机对话。它包括主键盘区、功能键区、光标控制键区和数字小键盘区。

2）鼠标

鼠标是一种常用的输入设备，如图 1-11 所示。它与显示器相互配合，可以方便、准确地移动显示器中显示的光标，并通过单击或双击来完成对计算机的各项操作。目前广泛应用的是光电式鼠标。随着 IT 业的发展，鼠标也不仅仅局限于有线鼠标，逐渐发展出多功能无线鼠标。

图 1-10　键盘　　　　　　　　　　图 1-11　鼠标

3）触摸屏

触摸屏是一种新型的输入设备，是最简单、方便、自然的人机交互方式。用户只要用手指轻轻地触摸显示屏上的图形、符号或文字就能实现对主机的操作，使人机交互变得更为便捷。触摸屏的应用非常广泛，例如，银行、电信、旅游和城市街道的信息查询等。

4）扫描仪

扫描仪是一种光机电一体化的高科技产品，也是目前应用比较广泛的输入设备，主要用于将图像、文字等信息输入计算机中，如图 1-12 所示。

5）数码相机

数码相机是一种能够进行拍摄，并通过内部处理器把拍摄到的景物转换成数字格式存放于存储卡中的设备。数码相机使用半导体存储器来保存获取的图像，图像可以传输到计算机中，利用计算机中的图形图像处理软件进行处理，如图 1-13 所示。

图 1-12　扫描仪　　　　　　　　　图 1-13　数码相机

4. 输出设备

输出设备是把计算机处理的数据、运算结果转变为人们所能接受形式的装置。常用的输出设备有显示器、打印机和绘图仪等。

1）显示器

显示器是计算机的基本输出设备，它用于显示交互信息，查看文本、图形和图像，显示数据命令与接受反馈信息。显示器的主要性能参数有分辨率、点距和刷新频率。显示器与显示适配器（显卡）组成了显示系统，显示系统决定了图像输出的质量。常用的显示器有液晶显示器（LCD）和发光二极管显示器（LED），如图 1-14 和 1-15 所示。

图 1-14　LCD 显示器　　　　　　　　　　　图 1-15　LED 显示器

2）打印机

打印机是计算机最常用的一种输出设备。它可以把计算机处理的结果打印在纸张上。目前打印机采用并行接口和 USB 接口两种方式连接计算机。常用的打印机有针式点阵打印机、喷墨打印机和激光打印机等，如图 1-16~图 1-18 所示。

图 1-16　针式点阵打印机　　　　　　　　　图 1-17　喷墨打印机

3）绘图仪

绘图仪是一种图形输出设备，在绘图软件的支持下绘制出复杂、精确的图形。常用的绘图仪有平板型和滚筒型，如图 1-19 所示。

输入设备和输出设备统称为 I/O 设备。

图 1-18　激光打印机　　　　　　　　　　　图 1-19　绘图仪

5. 总线

总线（BUS）是传送信息的一组通信线，它是 CPU、主存储器和 I/O 接口之间交换信息的公共通道。以微型计算机为例，构成微型计算机的 CPU、主存储器和 I/O 接口都以平等的身份挂在总线上，总线就像人体的神经一样牵动着全身，连接着微型计算机的各个部分，如图 1-20 所示。

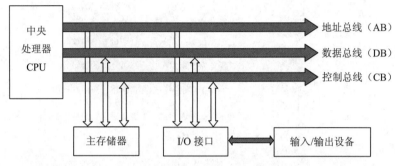

图 1-20　计算机总线与各主要部件的逻辑关系

总线按功能和规范可以分为 5 种类型。

（1）数据总线（Data Bus）：在 CPU 与 RAM 之间来回传送需要处理或存储的数据。

（2）地址总线（Address Bus）：用来指定在 RAM 中存储的数据地址。

（3）控制总线（Control Bus）：将中央处理器控制单元的信号传送到周边设备。

（4）扩展总线（Expansion Bus）：用来连接扩展槽和计算机。

（5）局部总线（Local Bus）：取代更高速数据传输的扩展总线。

其中，数据总线 DB、地址总线 AB 和控制总线 CB 统称为系统总线，即通常意义上所说的总线。

6. 接口

接口是外围设备与计算机连接的端口。外围设备与主机之间的信息交换都是通过 I/O 接口来进行的。接口一般可以分为串行接口和并行接口。

（1）串行接口：按串行方式传送数据，一次只能传送一位二进制码。串行接口通常适用于远距离的数据传送，如异步串行接口、USB 接口。

（2）并行接口：按并行方式传送数据，数据总线有多少位，就可以同时传送多少位二进制码。并行接口通常用于近距离连接外设，如打印机。

根据信息传送方式，接口可以分为输入接口和输出接口。输入接口用于连接输入设备，信息由输入设备通过输入接口传送给主机；输出接口用于连接输出设备，信息由主机通过输出接口传送给输出设备。

根据信息类型，接口可以分为数字接口和模拟接口。数字接口传送数字量；模拟接口通常用来实现模拟量与数字量的相互转换，如 A/D、D/A 转换接口。

1.5.2　计算机系统结构

一个完整的计算机系统由硬件系统和软件系统组成，如图 1-21 所示。硬件系统是计算机系统得以运行的物理基础，为各种软件系统提供运行平台；软件系统是计算机系统的"灵魂"，包括指挥、控制计算机各部分协调工作并完成各种功能的程序和数据。

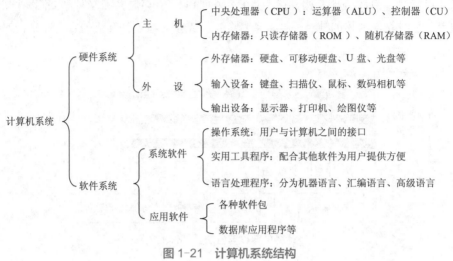

图 1-21　计算机系统结构

1.6　计算机软件系统

计算机软件是指计算机系统中的程序和有关文档。程序是计算机任务的处理对象和处理规则的描述；文档是为了便于了解程序所需的阐明性资料。

1.6.1　软件的分类

计算机软件总体分为系统软件和应用软件两大类。

1. 系统软件

系统软件是指管理、运行、控制和维护计算机系统资源的程序集合。它的主要功能是管理计算机硬件和软件，充分发挥计算机的功能，方便用户的使用，为应用开发人员提供平台支持。系统软件主要包括操作系统和实用系统软件，操作系统是系统软件的核心，起着管理整个系统资源的作用；实用系统软件包括语言处理程序、编辑程序、连接程序、管理程序、调试程序、故障检查程序以及各种实用工具程序等。

1）操作系统

操作系统是系统软件中最重要的部分。它的主要功能是控制和管理计算机系统中的各种硬件和软件资源，提高资源的利用率，为用户提供一个良好的计算机系统环境。它是硬件（裸机）上扩充的第一层软件，其他的软件都是在操作系统的支持下进行工作。因此，操作系统是用户与计算机之间的接口。

2）实用工具程序

实用工具程序能配合其他系统软件为用户提供方便和帮助。例如，Windows 中的磁盘碎片整理程序、磁盘清理程序等都属于实用工具程序。

3）语言处理程序

人与计算机之间交换信息所用的语言称为计算机语言或程序设计语言。计算机语言的种类很多，总体来说可以分为 3 类：机器语言、汇编语言和高级语言。

（1）机器语言。机器语言是用二进制"0""1"构成一系列指令代码表示的程序设计语言。它是计算机能够直接识别和执行的语言，它具有执行速度快、占用内存少等优点，但是不同型号计算机的机器语言不能通用。

（2）汇编语言。汇编语言是为了解决机器语言难记忆、编程不方便等问题，使用了一些能反映指令功能的助记符来代替机器指令的符号语言。机器语言和汇编语言都是低级语言（面向机器的语言），但汇编语言程序不能直接执行，需要将汇编语言源程序通过"汇编程序"翻译成机器语言（目标程序），如图 1-22 所示。

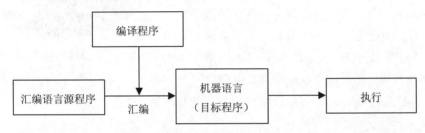

图 1-22　汇编语言源程序翻译成机器语言

（3）高级语言。高级语言是接近人类的自然语言和数字语言，但又独立于机器的一种程序设计语言。计算机不能直接识别用高级语言编写的源程序，需要通过"翻译程序"翻译成机器语言。

把高级语言编写的源程序翻译成目标程序有两种方式：一种是边翻译边执行，直到程序全部翻译执行完毕，这种"翻译"的处理程序称为"解释程序"，如图 1-23 所示；另一种是把高级语言编写的源程序翻译成一个完整的目标程序，然后再由计算机执行，这种"翻译"的处理程序称为"编译程序"，如图 1-24 所示。

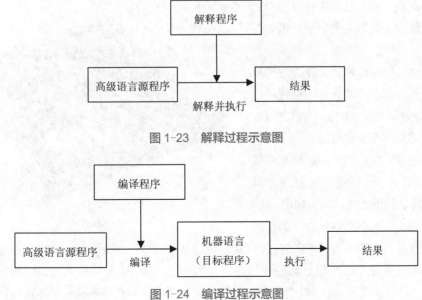

图 1-23　解释过程示意图

图 1-24　编译过程示意图

2. 应用软件

应用软件是为计算机在各个领域中的应用而开发的程序。它是利用计算机的软件和硬件资源为解决实际应用问题而编制的程序集合。常见的应用软件有各种软件包、数据库应用程序等。

1.6.2 软件层次结构

一个完整的计算机系统是由硬件系统和软件系统组成的。硬件系统是整个系统的基本资源，在硬件系统的基础上对硬件功能进行开发与应用，需要配备一系列软件。在软件系统中，操作系统占有特殊位置，通过图 1-25 可以看出，它紧靠硬件（裸机）部分，位于第一层面，是最基本的系统软件，其他的软件都是建立在操作系统基础之上。人与计算机进行交互，必须要通过操作系统（接口软件）来实现。

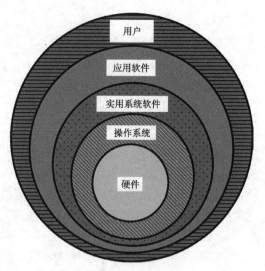

图 1-25　计算机系统层次图

1.7 微型计算机的配置与安装

微型计算机的配置与安装主要分为硬件组装和操作系统及应用软件的安装。硬件组装主要是将主板与电源、内存条、硬盘、显卡等部件正确连接；软件安装主要是操作系统的安装与配置。

1.7.1 微型计算机硬件组装过程

当前大部分微型计算机厂商均可提供完整的机器，无须用户自行组装，购买后可直接使用。一体机或笔记本电脑的零部件通常也无须更换。如果用户希望自行组装机器，或对机器中的某些硬件进行更换，或对带有主机箱的台式机进行除尘作业，此时就需要硬件组装的知识。

进行计算机硬件组装时，硬件的兼容性是首要问题，存在工艺代差的硬件可能互不兼容，通常需要关注的是主板与内存、主板与显卡等硬件是否能够兼容。主板又称主机板，它安装在机箱内，是计算机硬件系统中最大的一块电路板。主板上布满各种电子元件、插槽和接口等，如图 1-26 所示。它为 CPU、内存和各种外设的功能

图 1-26　主板

卡（声卡、显卡、网卡等）提供安装的插槽，为各种存储设备、I/O 设备、多媒体和通信设备提供接口。计算机通过主板将 CPU 和各种部件结合起来，组成一个完整的系统，计算机在运行时通过主板对内存、外存和其他 I/O 设备完成操作控制。所以，一台计算机的整体运行速度和稳定

性取决于主板的性能和质量。

选定合适的主板，观察主板及其芯片组、各个接口的位置后，即可将合适的内存条、硬盘、电源、显卡等部件与之相连接。安装过程需要合适的工具，由于螺钉普遍较小，且规格不一，故需要各种不同规格的螺丝刀（亦称改锥、起子或改刀），通常更多需要十字形螺丝刀。

下面以组装微型计算机硬件为例，阐述其主要组装过程。

（1）准备主机箱、主板及其他需要的硬件。这个步骤至关重要，需广泛查找资料或咨询专业人士以获得可靠的硬件资源，并保证它们能够兼容。一个完整的商用台式电脑主机箱内部如图 1-27 所示。

图 1-27　主机箱及其内部组成示意图

（2）将 CPU 安装在主板上，并将主板安装在主机箱内。最好先将 CPU 安装在主板上，然后再将主板安装在主机箱内。CPU 的风扇可以在安装好主板之后再进行安装。整个过程需注意将螺钉拧紧，保证风扇的工作效果。

> (!) 提示：
>
> 如果计算机的系统时间经常出现重置归零现象，则可能是主板CMOS电池没电了，更换即可。

（3）将电源、光驱、硬盘等部件安装在主机箱内合适的位置。为使用方便及散热，电源通常在主机箱后部靠上的位置，硬盘和光驱则在主机箱前部。如果需要多块硬盘，也需要注意保持它们之间的距离以保证散热。

（4）将内存条、显卡、声卡、网卡等部件安装在主板上（显卡、声卡、网卡也可能集成在主板上）。内存条的安装方法十分简单，将内存条金手指对准插槽，向下按压插槽两侧的卡扣，将内存条推入插槽内，如图 1-28 所示。

图 1-28　内存条安装方法示意图

　　将显卡等部件也插入相应的插槽并旋紧螺钉即可。一块主板上通常有多个插槽，可任选其中一个插槽使用，如图 1-29 所示。

显卡插槽 ——

图 1-29　显卡插槽示意图

　　（5）将所有部件的线路连接好。硬件被安装到合适的位置后，需要与主板相连，硬盘、光驱等部件需要与主板和电源同时连接。部分主要的连接位置如图 1-30 所示。

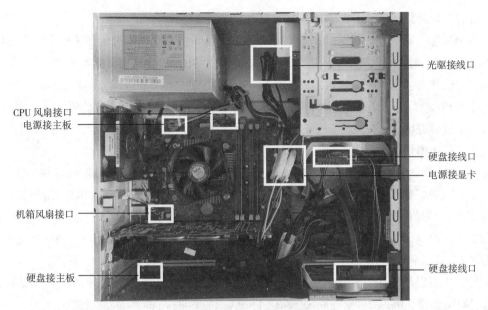

光驱接线口

CPU 风扇接口
电源接主板

硬盘接线口
电源接显卡

机箱风扇接口

硬盘接主板

硬盘接线口

图 1-30　接线示意图

限于篇幅，本节对接线不做详细介绍。同时，本书不建议计算机零基础的用户自行组装机器，如有需要，请咨询专业人士。

1.7.2　微型计算机操作系统安装过程

操作系统是面向用户操作的首要软件，硬件组装好的机器必须要有操作系统才能工作。目前主流的微型计算机操作系统是美国微软公司（Microsoft）推出的视窗（Windows）系列，这一系列的操作系统软件已经推出了多个版本，当前微软公司主推的版本是 Windows 10。Windows 10 有家庭版、专业版、企业版、教育版等多个版本，家庭版适于一般用户的家庭使用，专业版和企业版有更多的功能，具体细节可查阅微软官方网站。

除了 Windows 系列的操作系统，Linux 和 Mac OS 也是微型计算机常见的操作系统，前者有上百种不同的发行版（如 Ubuntu 和 Red Hat），部分版本是开源的，可免费使用、自由传播；后者是苹果公司（Apple）推出的微型计算机上主要应用的操作系统，如果购买苹果公司的微型计算机，则此系统随之安装。

下面以安装微型计算机操作系统为例，阐述其主要的安装过程。

首先，在安装操作系统之前，需要选定合适的系统。若无特定需求，通常可以与市场主流一致，选择 Windows 系列。Windows 系列的操作系统对硬件的要求可以查阅微软官方网站，但此硬件要求为最低标准，本书建议取用高出这一标准的硬件组合。

然后，需要在基本输入 / 输出系统（Basic Input Output System，BIOS）中设置启动方式。BIOS 芯片是主板上的功能控制芯片，为计算机提供最低级、最直接的硬件控制。BIOS 程序存放在主板的一个只读存储器中，计算机断电后其数据不会丢失。计算机在日常使用时通常默认从硬盘读取操作系统并启动，但安装操作系统时，应该设置从光驱或 U 盘等存储了操作系统安装软件的位置启动。具体选择从光驱、U 盘还是其他位置则取决于安装文件的存储介质。目前，多数微型计算机已经默认不配备光驱，从 U 盘启动也是可行的。

　　大部分微型计算机在开机时即出现启动界面，会提示按某个功能键（如【F1】、【Del】）进入 BIOS 设置页面，用户按照提示进行操作，即可进入 BIOS 设置页面。进入 BIOS 设置页面后，修改根目录优先级项目顺序（例如，将"Boot"选项卡中的"Boot priority order"的项目顺序进行调整，不同机型的 BIOS 略有差异），将 USB 项或 CD/DVD-ROM 项提到硬盘项之前，用上下键即可实现。设置完毕后，按照"Save and Exit"项的提示按下相应功能键（通常为【F10】）保存当前设置并退出操作。

　　完成 BIOS 设置后，将安装有操作系统软件的光盘或 U 盘连接到计算机，机器会在启动时读取并开始运行安装程序，Windows 的安装程序自带安装向导，用户按照向导的要求进行操作和设置即可成功安装操作系统。安装过程中必须注意的部分是硬盘的格式化与分区操作。用户可以根据需要，选择是否重新分配硬盘空间并选择操作系统的安装位置（通常安装操作系统的分区盘符为 C）。但无论将操作系统安装在哪个分区，建议将分区格式化后再安装系统。

　　此外，也可以使用在线方法将目前的旧版 Windows 升级安装，例如，在线安装 Windows 10 可以参考官方指南：https://www.microsoft.com/zh-cn/software-download/windows10。

扫码练习

第1章习题

第 2 章

Windows 10 操作系统

📌学习目标

- 掌握 Windows 10 的启动与退出。
- 熟悉 Windows 10 的桌面与个性化设置。
- 掌握 Windows 10 的文件与文件夹管理。
- 掌握 Windows 10 的磁盘管理。
- 熟悉 Windows 10 的系统设置。

操作系统（Operating System，OS）是计算机的核心管理软件，是用于控制和维护计算机软、硬件资源的系统软件，是所有应用软件运行的平台，同时也是用户与计算机的接口。目前常用的操作系统有 Windows、UNIX、Linux、Mac OS 等，本章主要介绍 Windows 10 操作系统。

Windows 是由 Microsoft 开发的操作系统，Windows 10 于 2015 年 7 月正式发布，与以往的版本相比，在易用性和安全性方面有了极大的提升，除了针对云服务、智能移动设备、自然人机交互等新技术进行融合外，还对固态硬盘、生物识别、高分辨率屏幕等进行了优化与支持。

2.1 Windows 10 的启动与退出

Windows 10 的启动与退出操作非常简单，与其他版本的 Windows 操作类似。

2.1.1 启动 Windows

Windows 系统的启动方法有以下两种。

1. 冷启动

在关机状态下，按下主机箱上的电源开关，启动 Windows 系统。

2. 热启动

在已经运行 Windows 系统的状态下，单击"开始"按钮，在弹出的"开始"菜单中选择"电源"|"重启"选项，重新启动 Windows 系统。

2.1.2 退出 Windows

在退出 Windows 系统之前，用户应该关闭所有打开的应用程序和文档，以免正在运行的程序和没有保存的文档遭到破坏。

（1）在正常状态下，单击"开始"按钮，在弹出的"开始"菜单中选择"电源"|"关机"选项。

（2）在正常状态下，右击"开始"按钮或按【Win+X】组合键，在弹出的快捷菜单中选择"关机或注销"|"关机"命令。

（3）在无法正常关机的状态下，按住主机电源开关几秒，直至指示灯灭，强行完成关机操作。

2.2 桌面与个性化设置

启动 Windows 系统后，出现的整个屏幕区域被称为桌面，包括桌面图标、桌面背景、任务栏等组成元素。

2.2.1 桌面图标

桌面图标主要包括系统图标、快捷图标、文件和文件夹图标。第一次启动 Windows 10 系统时，桌面上非常简洁，有"此电脑""网络""回收站"等图标。用户可以自定义桌面，将一些常用的图标显示在桌面上。

实训 2-1 在桌面上显示"控制面板"和"用户的文件"系统图标。

（1）在桌面的空白处右击，在弹出的快捷菜单中选择"个性化"命令。

（2）在打开的个性化设置窗口中选择"主题"分类，单击右侧的"桌面图标设置"超链接，如图 2-1 所示。

（3）在打开的"桌面图标设置"对话框中勾选"控制面板"和"用户的文件"复选项，如图 2-2 所示。

图 2-1　主题设置窗口

图 2-2　"桌面图标设置"对话框

实训2-2　在桌面上创建一个快捷图标，指向文件夹"D:\ 大学计算机基础资料"。

（1）打开"此电脑"｜"本地磁盘 (D:)"窗口。

（2）在"大学计算机基础资料"文件夹上右击，在弹出的快捷菜单中选择"发送到"｜"桌面快捷方式"命令，如图 2-3 所示。

图 2-3　"发送到"｜"桌面快捷方式"命令

2.2.2　桌面主题

Windows 10 提供了多种自带的主题供用户选择，用户也可以个性化设置主题的背景、颜色、声音等相关的配置信息。

实训2-3　设置桌面主题的背景与颜色，并使"'开始'菜单、任务栏和操作中心"与"标题栏和窗口边框"均应用主题色。

（1）在桌面的空白处右击，在弹出的快捷菜单中选择"个性化"命令。

（2）在打开的个性化设置窗口中选择"背景"分类，在右侧进行背景的个性化设置，如图 2-4 所示。

（3）在打开的个性化设置窗口中选择"颜色"分类，在右侧选择一种颜色，并勾选"'开始'菜单、任务栏和操作中心"与"标题栏和窗口边框"复选项，如图 2-5 所示。

图 2-4 背景设置窗口

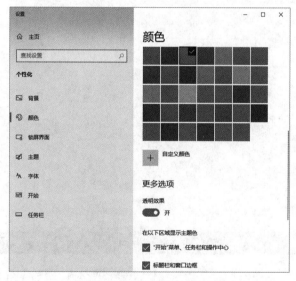

图 2-5 颜色设置窗口

2.2.3 虚拟桌面

Windows 10 中新增了虚拟桌面的功能，用户可以创建多个桌面，并把不同的窗口放置于不同的桌面环境中使用。

实训2-4 创建一个虚拟桌面，并在不同的桌面之间进行切换，最后删除虚拟桌面。

（1）按【Win+Tab】组合键，启动虚拟桌面界面。

（2）单击"新建桌面"按钮，创建桌面 2，并打开"此电脑"窗口。

（3）再次启动虚拟桌面界面，在虚拟桌面列表中单击不同的桌面进行切换，如图 2-6 所示。

（4）在虚拟桌面列表中关闭桌面 2，则该桌面上打开的窗口被自动移至桌面 1。

图 2-6　虚拟桌面界面

2.2.4　"开始"菜单

Windows 10 采用了全新设计的"开始"菜单，它是用户进行系统操作的起始位置。

实训2-5　设置个性化"开始"菜单，并在"开始"菜单的应用程序列表中快速查找 Word 应用程序。

（1）单击"开始"丨"设置"按钮，在打开的 Windows 设置窗口中选择"个性化"选项。

（2）在打开的个性化设置窗口左侧选择"开始"分类，在右侧进行"开始"菜单的个性化设置，如图 2-7 所示。

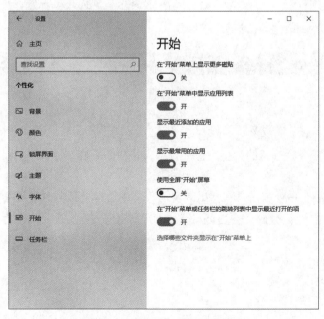

图 2-7　"开始"菜单设置窗口

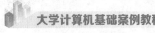
（3）单击"开始"按钮，在"开始"菜单的应用程序列表中单击任意一个排序字母，显示出排序索引界面，如图2-8所示。

（4）单击字母W，如图2-9所示，在弹出的菜单中可以快速查找到Word应用程序。

图2-8　排序索引界面

图2-9　查找Word应用程序界面

2.2.5　任务栏

默认状态下任务栏位于屏幕底部，从左至右由"开始"按钮、任务图标、通知区域、返回桌面等功能按钮组成，如图2-10所示。

图2-10　任务栏1

实训2-6　设置任务栏按钮的大小为正常状态，并在任务栏上显示"桌面"工具栏、搜索框、"任务视图"按钮。

（1）在任务栏的空白处右击，在弹出的快捷菜单中选择"任务栏设置"命令。

（2）打开任务栏设置窗口，在右侧设置"使用小任务栏按钮"状态为"关"，如图2-11所示。

（3）在任务栏的空白处右击，在弹出的快捷菜单中分别选择"工具栏"|"桌面"、"搜索"|"显示搜索框"和"显示'任务视图'按钮"命令，结果如图2-12所示。

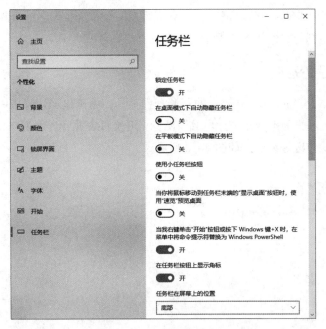

图 2-11　任务栏设置窗口

搜索框　　　　　　　　"任务视图"按钮　　　　　　"桌面"工具栏

图 2-12　任务栏 2

2.3　文件与文件夹管理

计算机中的所有数据都是以文件的形式进行存放，而文件夹则是文件的集合，文件和文件夹都存放在计算机的磁盘中。

2.3.1　文件与文件夹

文件是保存在计算机磁盘中的各种数据和信息，如文档、表格、声音、图片及应用程序等。文件夹（又称目录）则是内部包含多个文件的集合，用于存放和管理计算机中的文件。

在 Windows 系统中，为了区别不同的文件，每个文件都要有一个文件名。文件名由主文件名和扩展名组成，二者之间用分隔符"."分隔，格式为"主文件名.扩展名"，文件的扩展名代表文件的类型。

文件名的命名规则如下：

（1）文件名最长可以使用 255 个字符。

（2）同一个文件夹中不允许存在同名文件。

（3）文件名中不允许使用 / \ ? : * ″ ＜ ＞ | 等字符。

（4）文件名不区分大小写，但是显示时可以保留大小写格式。

（5）文件名中可以有多个分隔符"."，将以最后一个作为扩展名的分隔符。

文件夹的命名规则与文件相同，但是文件夹没有扩展名。

2.3.2 文件资源管理器

文件资源管理器是 Windows 10 提供的资源管理工具，用于显示计算机中的文件、文件夹和驱动器的分层结构。在桌面上双击"此电脑"图标打开文件资源管理器窗口，它主要由工具栏、功能区、导航栏和操作区等组成，如图 2-13 所示。

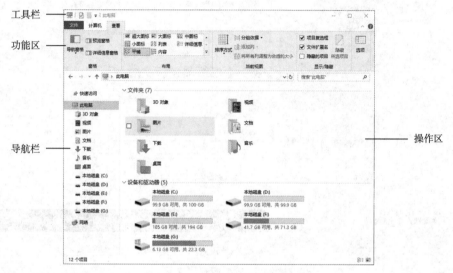

图 2-13　文件资源管理器窗口

实训2-7　设置 D 盘中的文件和文件夹的布局方式为"详细信息"，排序方式为"类型"，并显示"项目复选框"和"文件扩展名"。

（1）打开"此电脑"|"本地磁盘 (D:)"窗口。

（2）在"查看"功能区中分别选择"布局"组中的"详细信息"选项、"当前视图"组中的"排序方式"|"类型"选项，并勾选"显示 / 隐藏"组中的"项目复选框"和"文件扩展名"复选项。

2.3.3 文件与文件夹的操作

Windows 用户可以对文件和文件夹进行多种操作，如文件和文件夹的创建、选择、复制、移动、重命名、删除、搜索、设置、压缩和解压缩等。

1. 创建文件和文件夹

创建文件和文件夹的常用方法有以下两种。

（1）打开需要创建文件或文件夹的窗口，在"主页"功能区中选择"新建"组中的"新建文件夹"选项或"新建项目"下拉列表中的选项。

（2）打开需要创建文件或文件夹的窗口，在操作区的空白处右击，在弹出的快捷菜单中选择"新建"|"文件夹"命令或其他文件类型选项，如图 2-14 所示。

图 2-14　"新建"菜单

2. 选择文件和文件夹

选择文件和文件夹的常见操作有以下 5 种。

1) 选择单个文件或文件夹

单击文件或文件夹即可将其选中。

2) 选择多个连续的文件或文件夹

（1）单击第一个需要选择的文件或文件夹，按住【Shift】键，再单击最后一个需要选择的文件或文件夹。

（2）在需要选择的文件或文件夹的起始位置外侧按住鼠标左键进行拖动，当矩形框框住需要选择的文件和文件夹后释放鼠标左键。

3) 选择多个不连续的文件或文件夹

按住【Ctrl】键，依次单击需要选择的文件或文件夹。

4) 选择所有文件或文件夹

（1）在"主页"功能区中选择"选择"组中的"全部选择"选项。

（2）按【Ctrl+A】组合键。

5) 反向选择

先选择一部分文件或文件夹，然后在"主页"功能区中选择"选择"组中的"反向选择"选项。

3. 复制、移动文件和文件夹

复制、移动文件和文件夹的常用方法有以下 3 种。

1) 菜单方式

（1）选中需要复制或移动的文件、文件夹，在"主页"功能区中选择"组织"组中的"复制到"或"移动到"选项，在弹出的下拉菜单中选择"选择位置"选项，选择目标位置后单击"复制"或"移动"按钮。

（2）在需要复制或移动的文件、文件夹上右击，在弹出的快捷菜单中选择"复制"或"剪切"命令，然后在目标位置右击，在弹出的快捷菜单中选择"粘贴"命令。

2) 快捷键方式

选中需要复制或移动的文件、文件夹，按【Ctrl+C】组合键表示复制、【Ctrl+X】表示剪切，然后在目标位置按【Ctrl+V】组合键完成粘贴。

3）鼠标拖动方式

（1）在同一磁盘驱动器中，按住【Ctrl】键，用鼠标左键拖动文件或文件夹到目标位置，完成复制；用鼠标左键直接拖动文件或文件夹到目标位置，完成移动。

（2）在不同磁盘驱动器中，用鼠标左键直接拖动文件或文件夹到目标位置，完成复制；按住【Shift】键，用鼠标左键拖动文件或文件夹到目标位置，完成移动。

4. 重命名文件和文件夹

重命名文件和文件夹的常用方法有以下 3 种。

（1）选中需要重命名的文件或文件夹，在"主页"功能区中选择"组织"组中的"重命名"选项，输入新的名称。

（2）在需要重命名的文件或文件夹上右击，在弹出的快捷菜单中选择"重命名"命令，输入新的名称。

（3）先选中需要重命名的文件或文件夹，然后在原名称上单击，输入新的名称。

5. 删除文件和文件夹

删除文件和文件夹的常用方法有以下 4 种。

（1）选中需要删除的文件或文件夹，按【Delete】键。

（2）选中需要删除的文件或文件夹，在"主页"功能区中选择"组织"组中的"删除"选项。

（3）在需要删除的文件或文件夹上右击，在弹出的快捷菜单中选择"删除"命令。

（4）直接拖动需要删除的文件或文件夹到"回收站"中。

删除的文件或文件夹被暂时放入"回收站"中，可以通过对"回收站"的操作将其彻底删除或还原。

6. 搜索文件和文件夹

搜索文件和文件夹的常用方法有以下两种。

（1）单击"开始"按钮，在弹出的"开始"菜单中直接输入关键字来搜索应用、文件和设置。

（2）打开"文件资源管理器"窗口，在右上方的搜索框中输入关键字来搜索文件或文件夹，并可以通过上方"搜索工具"中的选项进行搜索设置。

7. 设置文件和文件夹属性

设置文件和文件夹属性的方法如下：

（1）在文件或文件夹上右击，在弹出的快捷菜单中选择"属性"命令，打开"属性"对话框。

（2）用户可以查看和修改该文件或文件夹的属性。在"常规"选项卡中，只读表示只能读不能写，保护文件不被修改；隐藏表示暂时隐藏文件或文件夹，需要显示时，在"查看"功能区中勾选"显示 / 隐藏" 组中的"隐藏的项目"复选项。

8. 压缩、解压缩文件和文件夹

（1）压缩文件或文件夹

在需要压缩的文件或文件夹上右击，在弹出的快捷菜单中选择"添加到'*.rar'"命令，如图 2-15 所示。

（2）解压缩文件或文件夹

在需要解压缩的文件或文件夹上右击，在弹出的快捷菜单中选择"解压到当前文件夹"命令，如图 2-16 所示。

图 2-15　压缩文件或文件夹

图 2-16　解压缩文件或文件夹

2.4　磁盘管理

磁盘是计算机系统的外部存储设备，只有管理好磁盘，才能给操作系统创造一个良好的运行环境。目前常用的磁盘设备有硬盘、U 盘、移动硬盘等。

2.4.1　磁盘属性

通过查看磁盘属性可以了解磁盘的基本信息，并对磁盘进行各种操作。

实训 2-8　查看 C 盘的已用空间和可用空间。

（1）打开"此电脑"窗口，在"本地磁盘 (C:)"上右击，在弹出的快捷菜单中选择"属性"命令，打开"本地磁盘 (C:) 属性"对话框，如图 2-17 所示。

（2）在"常规"选项卡中查看该磁盘的已用空间和可用空间。

图 2-17　"本地磁盘 (C:) 属性"对话框

2.4.2 磁盘格式化

磁盘格式化是在磁盘上划分可以存储数据的扇区和磁道。磁盘格式化将删除磁盘上的所有信息，因此在格式化操作时一定要特别慎重。

实训2-9 快速格式化被病毒感染的 U 盘。

（1）打开"此电脑"窗口，在"U 盘"上右击，在弹出的快捷菜单中选择"格式化"命令，打开"格式化 U 盘"对话框，如图 2-18 所示。

（2）如果勾选"快速格式化"复选项，则只删除磁盘中的文件和文件夹；如果没有勾选"快速格式化"复选项，则格式化时还要检查磁盘中是否有磁道被损坏。

（3）单击"开始"按钮，弹出"格式化 U 盘"警告提示框，如图 2-19 所示；单击"确定"按钮，开始格式化 U 盘。

（4）格式化完成后，会弹出"格式化完毕"提示信息，单击"确定"按钮。

图 2-18 "格式化 U 盘"对话框

图 2-19 "格式化 U 盘"警告提示框

2.4.3 磁盘清理

磁盘清理程序可以删除计算机中的临时文件、清空回收站以及删除其他不再需要的文件，释放磁盘空间，提高计算机的运行速度。

实训2-10 清理 C 盘以释放其磁盘空间。

（1）选择"开始"｜"Windows 管理工具"｜"磁盘清理"选项，打开"磁盘清理：驱动器选择"

对话框，如图 2-20 所示。

（2）选择驱动器 (C:)，单击"确定"按钮，打开"(C:) 的磁盘清理"对话框，如图 2-21 所示。

（3）勾选要删除的文件类型复选项，单击"确定"按钮。

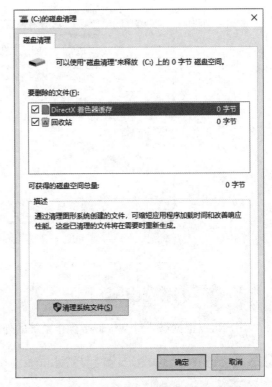

图 2-20　"磁盘清理：驱动器选择"对话框　　　　图 2-21　"(C:) 的磁盘清理"对话框

2.4.4　磁盘碎片整理

计算机在存储文件时会优先将文件连续地存储在磁盘中，在删除文件时会释放对应存储空间，当再次存储新文件且磁盘连续空间不足时就会将新文件拆分成数个部分，存储在磁盘中，导致读取文件速度变慢。通过磁盘碎片整理可以将文件重新排序为连续存储的状态，提高计算机的运行速度。

实训2-11　对 C 盘进行碎片整理。

（1）选择"开始"｜"Windows 管理工具"｜"碎片整理和优化驱动器"选项，打开"优化驱动器"窗口，如图 2-22 所示。

（2）选择驱动器 (C:)，单击"分析"按钮，系统会进行磁盘碎片分析；单击"优化"按钮，系统会进行磁盘碎片整理。

大学计算机基础案例教程

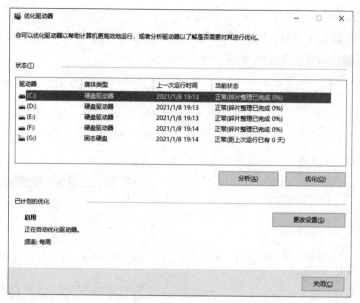

图 2-22　"优化驱动器"窗口

2.5　系统设置

用户可以根据需要对 Windows 操作系统的外观、账户、网络、安全等方面进行设置。

2.5.1　Windows 设置与控制面板

Windows 10 为用户提供了两种系统设置方式，分别是 Windows 设置与控制面板。

1.Windows 设置

Windows 设置可以完成桌面和个性化设置、网络和 Internet 设置、应用程序管理、设备管理等操作。单击"开始" | "设置"按钮，打开"Windows 设置"窗口，如图 2-23 所示。

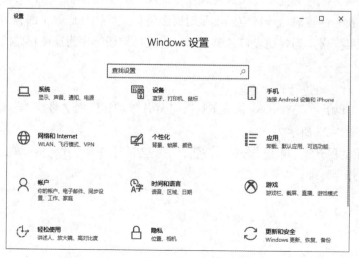

图 2-23　"Windows 设置"窗口

2. 控制面板

控制面板是 Windows 的经典功能，与 Windows 设置相比设置功能更多，各种系统设置都被集成在其中。单击"开始"|"Windows 系统"|"控制面板"选项，打开"控制面板"窗口，如图 2-24 所示。

图 2-24　"控制面板"窗口

2.5.2　设置用户账户

Windows 10 系统具有多用户管理功能，多个用户可以共用一台计算机，而且每个用户都可以建立个人账户，通过独立的账户密码登录系统，在各自的账户界面下进行操作，互不干扰。

实训2-12　创建一个 Microsoft 账户或本地账户。

Microsoft 账户可以使用任何 Microsoft 应用程序或服务；而本地账户无法使用某些 Microsoft 应用程序，且无法同步操作系统的某些数据设置。

（1）单击"开始"|"设置"按钮，在打开的 Windows 设置窗口中选择"账户"选项。

（2）在打开的账户设置窗口中选择"家庭和其他用户"|"将其他人添加到这台电脑"选项，如图 2-25 所示。

（3）如果在打开的账户登录窗口中输入"电子邮件或电话号码"，即可按向导提示登录 Microsoft 账户或创建新账户；如果选择"我没有这个人的登录信息"|"添加一个没有 Microsoft 账户的用户"选项，即可按向导提示创建一个本地账户，如图 2-26 所示。

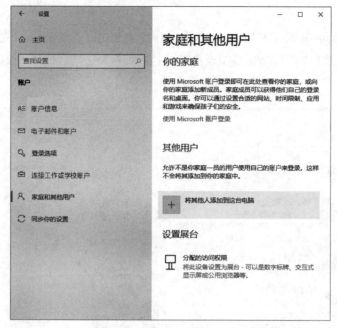

图 2-25 "账户设置"窗口

图 2-26 账户登录窗口

2.5.3 设置计算机网络

计算机只有连接网络才能建立与外界的信息沟通，进而拓展计算机的功能。网络连接分为无线连接和有线连接两种方式。

实训2-13　通过无线连接方式将一台计算机连接到网络中。

（1）单击"开始"|"设置"按钮，在打开的 Windows 设置窗口中选择"网络和 Internet"选项。

（2）在打开的网络设置窗口中选择"WLAN"分类，在右侧设置"WLAN"状态为"开"，并单击"显示可用网络"超链接，如图 2-27 所示。

（3）在弹出的网络列表中选择需要连接的网络，单击"连接"按钮；在"输入网络安全密钥"下的输入框中输入密码，单击"下一步"按钮，如图 2-28 所示。

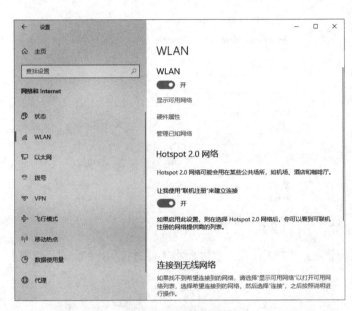

图 2-27　网络设置窗口

图 2-28　网络列表

2.5.4　程序管理

Windows 系统允许用户安装并使用各类应用程序，用于工作、学习、娱乐等需要。

1. 安装程序

安装程序的常用方法有以下 3 种。

（1）如果程序是"setup.exe"或"install.exe"文件，直接双击即可安装。

（2）如果程序是压缩文件，则需要解压缩后再安装。

（3）如果程序是以光盘形式提供的，一般情况下将光盘放入光驱后会自动安装。

2. 卸载程序

卸载程序的常用方法有以下 3 种。

（1）程序安装完成后，一般会在"开始"菜单中提供卸载该程序的选项，如图 2-29 所示。

（2）选择"开始"|"设置"|"应用"|"应用和功能"选项，在打开的应用和功能设置窗口中选择需要卸载的应用程序，单击"卸载"按钮，如图 2-30 所示。

图 2-29　"卸载微信"选项

图 2-30　应用和功能设置窗口

（3）如果计算机中安装了电脑管家这类软件，可以借助此类软件进行程序的卸载，如图 2-31 所示。

图 2-31　电脑管家卸载窗口

3. 将程序图标固定到任务栏

为了方便常用程序的启动，可以将程序图标固定到任务栏中，也可以将固定在任务栏中的程序图标取消。具体操作方法如下：

（1）先运行程序，在任务栏中的该程序按钮上右击，在弹出的快捷菜单中选择"固定到任务栏"命令，即可将程序图标固定到任务栏中，如图 2-32 所示。

（2）在任务栏中的程序按钮上右击，在弹出的快捷菜单中选择"从任务栏取消固定"命令，即可将固定在任务栏中的程序图标取消，如图 2-33 所示。

图 2-32　"固定到任务栏"命令

图 2-33　"从任务栏取消固定"命令

2.5.5　任务管理器

在使用计算机的过程中，有时会出现某些应用程序无响应，有时需要优化开机启动项，有时想查看 CPU 和内存的利用率，这些问题都可以通过任务管理器解决。

1. 打开任务管理器

打开任务管理器的常用方法有以下两种。

（1）在任务栏的空白处右击，在弹出的快捷菜单中选择"任务管理器"命令。

（2）按【Ctrl+Alt+Del】组合键，在弹出的系统界面中选择"任务管理器"选项。

2. 使用任务管理器

Windows 10 任务管理器提供了进程、性能、应用历史记录、启动、用户、详细信息、服务等 7 项管理功能，如图 2-34 所示。

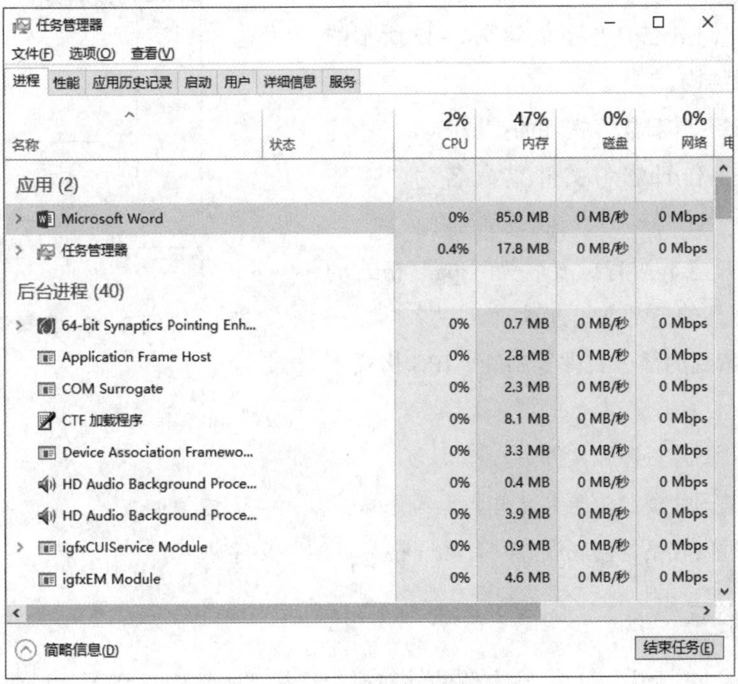

图 2-34　"任务管理器"窗口

- 进程：显示计算机当前正在运行的所有进程。
- 性能：显示当前 CPU、内存等使用的实时信息。
- 应用历史记录：查看自使用以来，当前用户账户的资源使用情况。
- 启动：管理开机启动项，可以设置开机自动启用或禁用程序。
- 用户：查看计算机中各个用户对计算机性能占用的比率。
- 详细信息：显示各项任务的详细信息。
- 服务：显示当前各个服务程序的状态，在某个程序上右击可以启动或停止该服务。

实训2-14　结束无响应的 Word 应用程序。

（1）按【Ctrl+Alt+Del】组合键，在弹出的系统界面中选择"任务管理器"选项。

（2）在打开的任务管理器窗口中选择"进程"选项卡，选择应用中的"Microsoft Word"选项，单击"结束任务"按钮，如图 2-34 所示。

案例 1 | Windows 10 的文件与文件夹管理

案例描述

视频

Windows 10的
文件与文件夹
管理

本案例要求使用文件资源管理器对文件与文件夹进行管理，包括对文件与文件夹进行创建、重命名、搜索、复制、移动、压缩、属性设置、删除等操作。

具体要求如下：

（1）在 D 盘下创建图 2-35 所示的目录结构。

（2）隐藏"工作日志"文件的扩展名。

（3）将"工作日志"文件重命名为"工作计划"。

（4）搜索 C 盘下所有扩展名为"jpg"格式的文件，并以大图标的显示方式查看。

（5）将搜索到的部分文件复制到"JPG 格式"文件夹中。

（6）压缩"图片资源"文件夹。

（7）隐藏"图片资源"压缩文件。

（8）不经过回收站，彻底删除"音频、视频资源"文件夹。

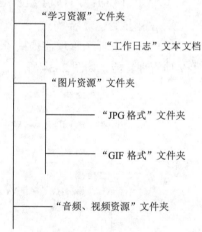

图 2-35　目录结构

操作提示

（1）打开"此电脑"窗口，在左侧的导航栏中选择"本地磁盘 (D:)"选项，在右侧的操作区中分别创建"学习资源""图片资源""音频、视频资源"文件夹；在"学习资源"文件夹中创建"工作日志"文本文档；在"图片资源"文件夹中分别创建"JPG 格式""GIF 格式"文件夹。

（2）打开"学习资源"窗口，在"查看"功能区中取消勾选"显示/隐藏"组中的"文件扩展名"复选项。

（3）在"工作日志"文件上右击，在弹出的快捷菜单中选择"重命名"命令，输入新文件名"工作计划"。

（4）打开"本地磁盘 (C:)"窗口，在搜索框中输入".jpg"进行文件查找；在"查看"功能区中选择"布局"组中的"大图标"选项。

（5）选择 C 盘下搜索到的部分文件，按【Ctrl+C】组合键进行复制；切换到"JPG 格式"文件夹中，按【Ctrl+V】组合键进行粘贴。

（6）打开"本地磁盘 (D:)"窗口，在"图片资源"文件夹上右击，在弹出的快捷菜单中选择"添加到'图片资源 .rar'"命令。

（7）在"图片资源"压缩文件上右击，在弹出的快捷菜单中选择"属性"命令，打开"图片资源属性"对话框，在"常规"选项卡中勾选"隐藏"复选项；在"查看"功能区中取消勾选"显示/隐藏"组中的"隐藏的项目"复选项。

（8）打开"本地磁盘 (D:)"窗口，按住【Shift】键的同时删除"音频、视频资源"文件夹。

 案例 2　Windows 10 的个性化设置

案例描述

本案例要求完成对 Windows 10 的个性化设置，包括对桌面主题、桌面图标、分辨率和刷新频率、"开始"菜单、任务栏等进行设置。

具体要求如下：

（1）设置一个个性化的主题，包括对背景、颜色、声音、屏幕保护程序进行设置，保存并应用主题。

（2）更改桌面上"此电脑"系统图标的样式。

（3）设置分辨率为"1 280×768"像素、刷新频率为"60 赫兹"。

（4）在"开始"菜单上显示动态磁贴和文件资源管理器。

（5）取消任务栏上的显示时钟，并将 Word 应用程序图标固定到任务栏中。

视频●‥‥‥‥

Windows 10的
个性化设置

操作提示

（1）在桌面空白处右击，在弹出的快捷菜单中选择"个性化"选项，打开个性化设置窗口；在"主题"设置界面中分别对"背景""颜色""声音"进行设置；在"锁屏界面"设置界面中对"屏幕保护程序"进行设置；返回"主题"设置界面中，单击"保存主题"按钮，保存并应用主题。

（2）打开个性化设置窗口，选择"主题"分类，单击右侧的"桌面图标设置"选项，打开"桌面图标设置"对话框，将"此电脑"图标更改为其他样式。

（3）在桌面的空白处右击，在弹出的快捷菜单中选择"显示设置"选项，打开显示设置窗口；在"显示"设置界面中设置"分辨率"为"1 280×768"；单击"高级显示设置"|"显示器1的显示适配器属性"选项，打开"显示适配器属性"对话框，在"监视器"选项卡中设置"屏幕刷新频率"为"60 赫兹"。

（4）打开个性化设置窗口，选择"开始"分类，在右侧设置"在'开始'菜单上显示更多磁贴"状态为"开"，并单击"选择哪些文件夹显示在'开始'菜单上"选项，设置"文件资源管理器"状态为"开"。

（5）打开个性化设置窗口，选择"任务栏"分类，在右侧单击"打开或关闭系统图标"选项，设置"时钟"状态为"关"；启动 Word 应用程序，在任务栏中的 Word 任务图标上右击，在弹出的快捷菜单中选择"固定到任务栏"选项。

扫码练习

第2章习题

第3章
Word 2016 字处理软件

学习目标

- 熟悉 Word 的基本操作。
- 掌握文档的编辑和排版。
- 掌握表格的制作。
- 掌握图文混排的方法。
- 熟悉邮件合并功能。
- 掌握文档的页面设置与打印。

Microsoft Word 是微软公司 Office 系列办公软件的重要组件之一，它可以对文字进行录入、编辑和排版，对表格和图形进行处理，对长文档使用样式、制作目录等，最终编排出图文并茂的文档。该软件具有友好的用户界面、直观的屏幕效果、丰富强大的处理功能、方便快捷的操作方式。

3.1 初识 Word 2016

3.1.1 认识 Word 2016 工作界面

Office 2016 充分利用 Windows 10 平台所提供的云端服务，实现多媒体多平台的信息共享与编辑。与 Office 2010 相比，它的提升包括。

（1）协同创作。Office 2016 提供了一个便捷的"共享"按钮（ ），可以与其他人同时协作处理文档。当进行多用户协同编辑时，省去了保存和刷新的麻烦，用户所做的变更能够在文档中立刻显示出来。

（2）搜索功能。Office 2016 界面上方新增了一个"操作说明搜索"框，在搜索框中输入想要搜索的内容，例如，在搜索框中输入"字体"，可以便捷地打开字体对话框。

（3）扩充加载。在 Word 2016 的"插入"选项卡中新增了一个"加载项"组，可以加载微软和第三方开发者开发的一些 APP，为 Office 提供一些扩充性功能。

（4）PDF 重排。使用 Word 2016 可以打开 PDF 文档，自行创作精美的 Word 文档。

（5）触摸模式。Office 2016 在快速访问工具栏中新增了"触摸/鼠标模式"按钮（ ）。在触摸模式下，按钮间的距离将增大，为使用触摸屏提供方便。

1. 窗口的组成

启动 Word 后，将打开图 3-1 所示的窗口。它主要由快速访问工具栏、标题栏、选项卡、功能区、标尺、文档编辑区、滚动条、状态栏、视图和显示比例区等部分组成。

图 3-1　Word 2016 工作窗口

1）快速访问工具栏

位于窗口顶端的左侧，单击"自定义快速访问工具栏"按钮（ ），在弹出的下拉菜单中可以选择常用的选项添加到快速访问工具栏中。

2）标题栏

位于窗口最顶端，用于显示应用程序和当前文档的名称信息。标题栏右侧的 4 个按钮，分别用来控制窗口选项卡/功能区的显示或隐藏，以及窗口的最大化/向下还原、最小化和关闭。

3）选项卡和功能区

二者是对应的关系，单击某个选项卡可以展开相应的功能区，在功能区中有许多自动适应窗口大小的工具组。每个工具组提供了常用的命令按钮或列表，有的工具组右下角有一个对话框启动器（ ），单击它可以打开相应的对话框或任务窗格，在其中进行详细的设置。在功能区最右侧是"折叠功能区"按钮（ ），单击该按钮可以隐藏功能区。隐藏之后再单击某个选项卡，在展开相应的功能区最右侧是"固定功能区"按钮（ ），单击该按钮可以将功能区固定显示。

4）标尺

分为水平标尺和垂直标尺，在默认情况下，标尺是隐藏的。单击"视图"选项卡|"显示"组|"标尺"复选项，可以显示或隐藏标尺。通过标尺上的刻度和数字，可以查看文档的高度和宽度，还可以进行相应的段落格式设置。

5）状态栏

位于窗口最下方，左侧部分用于显示当前文档的状态信息，包括插入点所在页的页码、文档的总页数、字数、当前文档检错结果及语言状态等信息；右侧部分主要用于切换视图方式、调整文档显示比例。

2. 视图方式

Word 提供了 5 种视图方式，同一个文档可以在不同的视图方式下显示和编辑，具体包括页面视图、阅读视图、Web 版式视图、大纲视图和草稿视图。

1）页面视图

Word 的默认视图，也是查看文档打印外观效果的显示模式。在这种视图方式下，能直观地显示页眉、页脚、脚注及批注等，适合进行绘图、插入图表等排版操作。

2）阅读视图

以书页的形式显示文档，并提供了专为阅读而设计的工具，如查找、翻译、显示批注等，使用户阅读起来更加方便。

3）Web 版式视图

可以显示文档在浏览器中的效果。Web 版式视图适用于发送电子邮件和创建 Web 页。

4）大纲视图

用于显示和编辑文档的框架。在这种视图方式下，能够将文档所有的标题分级显示出来，通过对标题的操作来改变文档的层次结构。大纲视图适合层次较多的文档，如报告文档、章节排版等。

5）草稿视图

主要用于大量文字的编排，不能对分栏、页眉页脚和图形等元素进行处理。

3.1.2　Word 2016 的基本操作

1. 新建文档

创建空白文档的常用方法有以下 3 种。

（1）启动 Word 时，在"开始"命令窗口中单击"空白文档"，创建的文档默认文件名为"文档 1"，如图 3-2 所示。

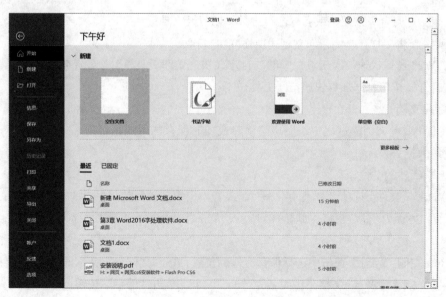

图 3-2　启动 Word 界面

（2）单击"文件"选项卡｜"新建"｜"空白文档"。

（3）按【Ctrl+N】组合键，创建新的空白文档。

在 Word 中，可以使用其自带的模板，或者搜索网络中的联机模板创建一些专业文档。

2．打开文档

Word 会将最近编辑过的文档名列在"文件"选项卡｜"开始"命令窗口（默认为 50 个），需要打开这些文档时，只需单击相应的文件名即可。Word 也可以打开指定路径下的文档。具体操作方法如下：

（1）单击"文件"选项卡｜"打开"｜"浏览"，打开"打开"对话框，如图 3-3 所示。

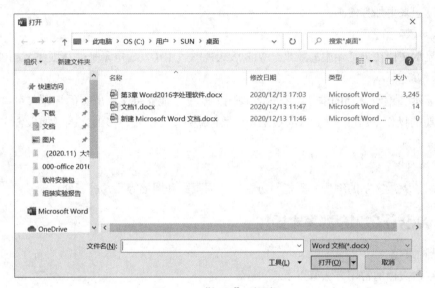

图 3-3　"打开"对话框

（2）在左侧"导航"窗格中选择文档所在的驱动器或文件夹，在右侧列表区选择需要打开的文档，单击"打开"按钮，或者双击鼠标都可以打开文档。

实训 3-1　将"打开"按钮定义到快速访问工具栏。

单击 Word 窗口快速访问工具栏中的"自定义快速访问工具栏"按钮（　），选择"打开"选项，"打开"按钮将添加到快速访问工具栏中。

3．保存文档

在创建和编辑文档的过程中，用户需要养成随时保存的习惯，否则，一旦发生意外情况，可能将导致数据丢失。

1）保存新建的文档

（1）选择"文件"选项卡｜"保存"命令，或者单击快速访问工具栏中的"保存"按钮（　），都将切换到"另存为"命令窗口，如图 3-4 所示。单击"浏览"，将打开"另存为"对话框，如图 3-5 所示。

（2）在左侧"导航"窗格中选择保存文件的位置，在"文件名"文本框中输入文件的名称，"保存类型"默认为 Word 文档（扩展名为"docx"），单击"保存"按钮。

图 3-4　"另存为"命令窗口

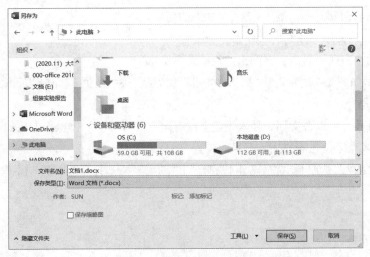

图 3-5　"另存为"对话框

2）保存已有的文档

如果用户对已经保存过的文档进行了修改，可以选择"文件"选项卡 | "保存"命令，或者单击快速访问工具栏中的"保存"按钮（ 🖫 ），修改前的内容将被覆盖掉，修改后的文档就会以原来的文件名保存在原位置。

3）保存文档的副本

如果既想保存修改后的文档，又不想覆盖修改前的内容，可以单击"文件"选项卡 | "另存为" | "浏览"，为当前文档重新命名，或者选择新的保存位置进行保存，而原来文档的内容、名称、位置仍然保持不变。

4．关闭文档

选择"文件"选项卡 | "关闭"命令，或者单击标题栏右侧的"关闭"按钮（ ❌ ），可以关闭当前正在编辑的文档。

3.2 文档的操作

3.2.1 文本的输入

1. 输入字符

输入文本时，可以通过插入点来确定文本输入的位置。在文档编辑区中有一个不断闪烁的插入点，表示文本输入的位置随着字符的输入，插入点将自动向右移动。Word 具有自动换行功能，当字符输入到每一行的末尾时，插入点将自动移到下一行的行首位置；只有在段落结束时，按【Enter】键将另起一段；如果文本没有到达行尾就需要另起一行，而又不想开始一个新的段落，可以按【Shift+Enter】组合键来实现行切换。

在输入字符时，文档默认处于"插入"状态，输入的字符将出现在插入点的位置；在"改写"状态下，输入的字符将替换其原来的字符。切换"插入 / 改写"状态的常用方法有以下两种。

（1）如图 3-6 所示，单击状态栏中的"插入"按钮，使其切换为"改写"按钮。

（2）按【Insert】键进行"插入 / 改写"状态的切换。

实训 3-2 将"插入 / 改写"按钮定义到状态栏。

在状态栏的空白区域右击，在弹出的快捷菜单中选

图 3-6 "插入"状态

择"改写"命令，如图 3-7 所示。将"插入"按钮添加到状态栏中，可以完成"插入 / 改写"的切换。

2. 插入符号

通过插入符号，可以在文档中插入键盘上没有定义的符号。具体操作方法如下：

（1）将插入点定位在需要插入符号的位置。

（2）单击"插入"选项卡 | "符号"组 | "符号" | "其他符号"，打开"符号"对话框，如图 3-8 所示。

图 3-7 "自定义状态栏"快捷菜单

图 3-8 "符号"对话框

（3）切换对话框中相应的选项卡，选择需要的符号或特殊字符，单击"插入"按钮。

3.2.2　文本的选择

在进行编辑操作或格式设置前，应该先选择需要进行操作的文本，即应遵循"先选择后操作"的原则。以下是常用的选择操作，将鼠标指针移动到文本选定区（"文本选定区"是指左页边距的空白区），鼠标指针变成指向右上方的箭头（⌖），选择方法如表 3-1 所示。

表 3-1　选择文本的方法

选 择 区 域	操 作 方 法
选择一个单词	在单词上双击鼠标左键
选择一句	按住【Ctrl】键，再单击句中的任意位置
选择一行	在文本选定区单击鼠标左键
选择多行	在文本选定区按住鼠标左键上下拖动
选择一段	在文本选定区双击鼠标左键
选择整个文档	在文本选定区三击鼠标左键，或者单击"开始"选项卡｜"编辑"组｜"选择"｜"全选"，或者按快捷键【Ctrl+A】
选择任意文本	按住鼠标左键在文本上拖动，可以将鼠标指针拖动所经过的文本选中；或者先将插入点定位在预选文本的起始位置，然后按住【Shift】键，到预选文本的结束位置，单击鼠标左键
取消选定	鼠标指针移到选定区域以外的任意位置，单击鼠标左键

3.2.3　文本的编辑

1. 移动文本

移动文本的常用方法有以下两种。

1）使用鼠标移动文本

（1）选中需要移动的文本。

（2）将鼠标指针移动到被选中的文本区，鼠标指针变成指向左上方的箭头（⌖）。

（3）按住鼠标左键，鼠标指针箭头的旁边出现一条竖线，尾部出现一个小方框，拖动竖线到目标位置后释放鼠标左键，完成文本的移动操作。

这种方法适合短距离移动文本，如果移动距离较远时，可以使用剪贴板操作。

2）使用剪贴板移动文本

（1）选中需要移动的文本。

（2）单击"开始"选项卡｜"剪贴板"组｜"剪切"，或者按【Ctrl+X】组合键，将选中的文本剪切到剪贴板。

（3）将插入点定位到目标位置，单击"开始"选项卡｜"剪贴板"组｜"粘贴"，或者按【Ctrl+V】组合键，将剪贴板的文本粘贴到当前插入点位置。

2. 复制文本

复制文本的常用方法有以下两种。

1）使用鼠标复制文本

（1）选中需要复制的文本。

（2）按住【Ctrl】键，鼠标指针箭头尾部的小方框后将出现一个"+"号，拖动竖线到目标位置后释放鼠标左键，完成文本的复制操作。

2）使用剪贴板复制文本

（1）选中需要复制的文本。

（2）单击"开始"选项卡 |"剪贴板"组 |"复制"，或者按【Ctrl+C】组合键，将选中的文本复制到剪贴板。

（3）将插入点定位到目标位置，单击"开始"选项卡 |"剪贴板"组 |"粘贴"，或者按【Ctrl+V】组合键，将剪贴板的文本粘贴到当前插入点位置。

在 Word 中，"粘贴选项"包括"保留源格式""合并格式""图片""只保留文本"4 个选项，如图 3-9 所示。

• 保留源格式：被粘贴内容保留原始内容的格式。

• 合并格式：被粘贴内容清除原始内容的格式，自动匹配目标位置的格式。

图 3-9 "粘贴选项"下拉列表

• 图片：被粘贴内容以图片形式插入。

• 只保留文本：被粘贴内容清除所有格式，仅保留文本。

3-3 使用"剪贴板"多次复制不同的内容。

单击"开始"选项卡 |"剪贴板"组对话框启动器（ ），打开"剪贴板"窗格，如图 3-10 所示。选择窗格中任意一个需要粘贴的项目，都可以通过右侧下拉列表中的"粘贴"选项完成再次粘贴内容。

3. 删除文本

删除文本的常用方法有以下两种。

（1）删除单个字符。可以按【Backspace】键删除插入点前面的字符，按【Delete】键删除插入点后面的字符。

（2）删除一段文本。选中需要删除的文本，按【Delete】键，选中的文本将被删除。

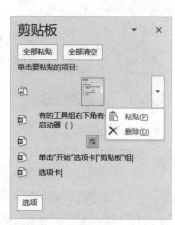

图 3-10 "剪贴板"窗格

4. 撤销、重复和恢复

在快速访问工具栏中有"撤销"按钮（ ）和"重复"（ ）/"恢复"按钮（ ）。单击"撤销"按钮可以撤销最后一步的操作；单击"重复"按钮可以重复执行上一次的操作；单击"恢复"按钮，将恢复被撤销的操作。

使用"撤消"按钮取消上一次的操作后，"重复"按钮将变为"恢复"按钮。

5. 查找和替换

1）查找

Word 提供的查找功能可以帮助用户在一篇文档中快速地找到所需的内容及其所在的位置。具体操作方法如下：

（1）单击"开始"选项卡 |"编辑"组 |"查找"，打开"导航"窗格。

（2）在搜索文本框中输入需要查找的文本，"导航"窗格中将显示包含该文本的所有片段，同时查找到的匹配文本将在文档中以黄色底纹标识，如图 3-11 所示。

（3）单击"导航"窗格的"结果"标签，搜索结果将以列表框的形式显示。

（4）单击搜索栏右侧的下拉按钮，在下拉菜单中可以对查找的内容进一步设置。

2）替换

替换功能可以帮助用户用一段文本替换文档中指定的文本，例如，用"计算机"来替换文档中的"computer"。具体操作方法如下：

（1）单击"开始"选项卡 | "编辑"组 | "替换"，打开"查找和替换"对话框，单击"更多"按钮，可以展开更多的搜索和替换选项，如图 3-12 所示。

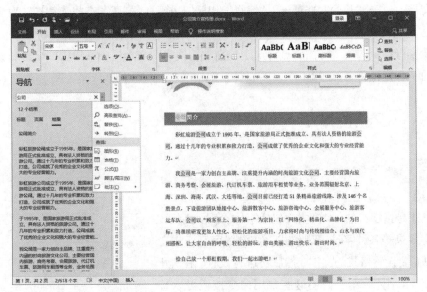

图 3-11　查找文本

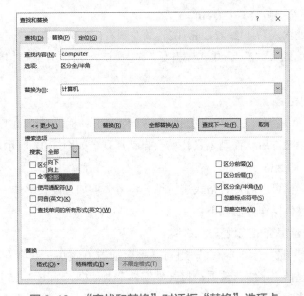

图 3-12　"查找和替换"对话框"替换"选项卡

（2）在"查找内容"文本框中输入需要替换的文本，如"computer"。

（3）在"替换为"文本框中输入替换后的文本，如"计算机"。

（4）在"搜索"下拉列表框中选择查找替换的范围。

（5）在"格式"下拉菜单中可以设置替换内容的格式。

（6）单击"替换"按钮，将查找到的第一处目标文本进行替换。单击"全部替换"按钮，将查找到的全部目标文本进行替换。单击"查找下一处"按钮，将查找到需要替换的文本并选中，如果需要替换，单击"替换"按钮；如果不需要替换，单击"查找下一处"按钮继续查找，直到查找到需要替换的文本。

实训 3–4　删除文中所有换行符。

打开文档，单击"开始"选项卡｜"编辑"组｜"替换"，打开"查找和替换"对话框，将插入点定位在"查找内容"文本框中，单击"更多"按钮，在对话框下方的"特殊格式"列表中选择"手动换行符"选项。将插入点再次定位在"替换为"文本框中，单击"全部替换"按钮，将文档中的所有换行符全部删除。

3.3　文档的排版

3.3.1　字符格式化

1. 使用"字体"工具组

字符格式是指字符的外观效果，包括字体、字号、字形、颜色、文字效果等各种字符表现形式。在设置字符格式之前，先选中需要设置格式的文本，然后再进行设置。在"开始"选项卡｜"字体"组，使用这些常用命令按钮可以直接设置字符的格式，如图 3-13 所示。

图 3-13　"开始"选项卡中"字体"组

实训 3–5　编辑完全平方公式：$(a+b)^2=a^2+2ab+b^2$。

在文档的插入点处输入 (a+b)2=a2+2ab+b2，从左到右，先选中第一个"2"，然后按住【Ctrl】键，再选中第二个和第四个"2"，单击"开始"选项卡｜"字体"组｜"上标"（ ），可以得到完全平方公式。

2. 使用浮动工具栏

为了方便用户设置字符格式，Word 提供了一个浮动工具栏，在浮动工具栏中可以快速地设置字符格式。选中一段文本后，浮动工具栏就会自动浮现，如图 3-14 所示。

3. 使用"字体"对话框

使用"字体"对话框可以对字符格式进行综合设置，例如，设置字体、字形、字号、颜色、效果和字符间距等。具体操作方法如下：

（1）选中需要进行字符格式设置的文本。

（2）单击"开始"选项卡｜"字体"组对话框启动器（ ）；或者在选中的文本上右击，在弹出的快捷菜单中选择"字体"选项；打开"字体"对话框，如图 3-15 所示。

① "字体"选项卡。可以设置中西文字体、字形、字号、字体颜色及下画线效果等，还可

以设置各种字符效果。设置完毕后，在"预览"窗口可以直接显示各种设置所产生的效果。

②"高级"选项卡。可以设置字符缩放比例、字符间距和字符位置等内容。其中字符间距包括：标准、加宽和紧缩，默认采用"标准"间距。字符位置包括：标准、上升和下降，其中"上升"和"下降"是相对"标准"位置而言的。

如果想要对某些文本进行强调和美化，可以设置文字效果。在"字体"对话框中单击"文字效果"按钮，打开"设置文本效果格式"对话框，可以设置文本填充与轮廓，阴影、映像、发光、柔化边缘和三维格式等文字效果，如图 3-16 所示。单击"确定"按钮完成设置。如果在设置好格式的文本后继续输入文本，则新文本都将沿用前面文本的格式。

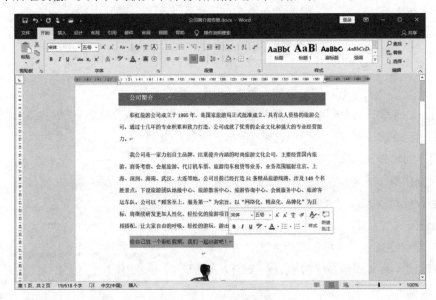

图 3-14　浮动工具栏

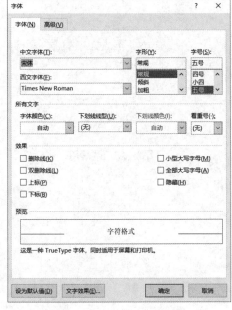

图 3-15　"字体"对话框

图 3-16　"设置文本效果格式"对话框

3.3.2 段落格式化

在 Word 中，每按一次【Enter】键就会产生一个新段落，段落标记不仅表示一个段落的结束，同时还包含了该段落的格式信息。当开始新的段落时，新段落将保持上一个段落的格式。段落格式主要包括对齐方式、缩进方式、行间距和段间距等。

1. 对齐方式

Word 提供了 5 种段落对齐方式：左对齐、右对齐、两端对齐、居中对齐和分散对齐。设置段落对齐方式的常用方法有以下两种。

1）使用"段落"工具组

在"开始"选项卡 |"段落"组中，有 5 个命令按钮可以直接设置段落的对齐方式，如图 3-17 所示。

图 3-17 对齐方式按钮

2）使用"段落"对话框

将插入点定位在要进行对齐设置的段落中，单击"开始"选项卡 |"段落"组对话框启动器（ ）；或者在插入点处右击，在弹出的快捷菜单中选择"段落"命令；打开"段落"对话框，如图 3-18 所示。在"对齐方式"的下拉列表框中有 5 种对齐方式，与前面介绍的使用"段落"工具组设置对齐方式的效果是一致的。

2. 缩进方式

段落的缩进方式包括 4 种：首行缩进、悬挂缩进、左缩进和右缩进。设置段落缩进的常用方法有以下两种。

1）使用"水平标尺"

水平标尺如图 3-19 所示。

• 首行缩进：是指段落中的第一行向右缩进一段距离。

• 悬挂缩进：是指段落的首行起始位置不变，其余各行均向右缩进一段距离。

• 左缩进：是指整个段落向右缩进一段距离。

• 右缩进：是指整个段落向左缩进一段距离。

具体操作方法如下：

将插入点定位在段落中的任意位置，用鼠标指针拖动水平标尺上相应的缩进游标到所需缩进量的位置即可。

图 3-18 "段落"对话框

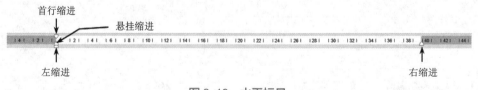

图 3-19 水平标尺

2）使用"段落"对话框

段落缩进也可以使用对话框来设置，与鼠标指针拖动标尺上游标的方法相比，使用对话框可以使缩进量更加精确。具体操作方法如下：

打开"段落"对话框，如图3-18所示。在"缩进"区域中设置"左侧"和"右侧"的缩进，在"特殊"格式的下拉列表框中设置"首行"和"悬挂"缩进。

3. 段落间距和行距

段落间距是指段落与段落之间的距离，行距是指段落中行与行之间的距离。设置段落间距和行间距的常用方法有以下两种。

1）使用"段落"工具组

单击"开始"选项卡|"段落"组|"行和段落间距"（ ），在弹出的下拉列表中选择设置项，如图3-20所示。

2）使用"段落"对话框

打开"段落"对话框，在"间距"区域中设置段前、段后间距及行距，如图3-18所示。

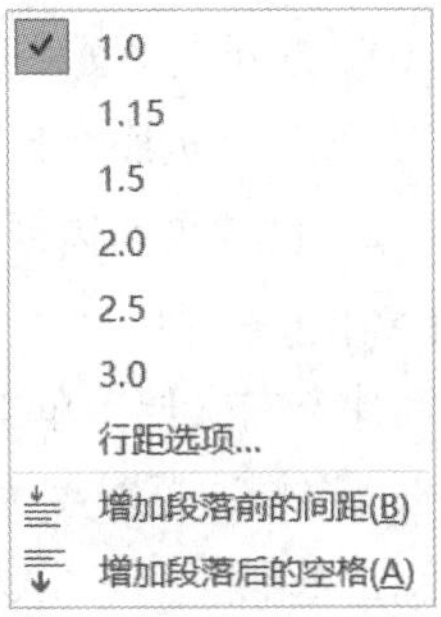

3.3.3 特殊格式化

1. 边框和底纹

为了使整个文档的版面更加清晰和美观，可以为文档设置边框和底纹。

1）边框

边框是为某些文字或段落添加边框效果。具体操作方法如下：

（1）选中需要设置边框的文字或段落。

（2）单击"开始"选项卡|"段落"组|边框（ ）|"边框和底纹"，打开"边框和底纹"对话框，如图3-21所示。

图 3-20 "行和段落间距"
下拉列表

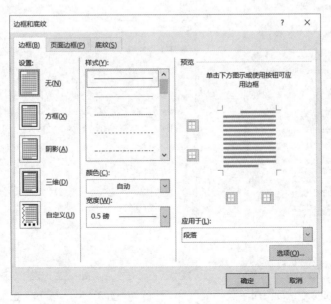

图 3-21 "边框和底纹"对话框"边框"选项卡

（3）设置边框的类型、样式、颜色、宽度和应用范围等。

> ⓘ 提示：
>
> 　　当为整个段落设置边框时，"应用于"项应该选择"段落"，否则Word将为所选段落的每一行文字添加边框。

2）页面边框

页面边框是为整篇文档的页面或部分页面添加边框效果。具体操作方法如下：

（1）打开"边框和底纹"对话框，如图3-21所示。切换到"页面边框"选项卡，或者单击"设计"选项卡│"页面背景"组│"页面边框"，直接打开此对话框。

（2）设置页面边框的类型、样式、颜色、宽度、艺术型和应用范围等。

实训3-6　以"文字"为基准添加页面边框。

新建空白文档，单击"设计"选项卡│"页面背景"组│"页面边框"，打开"边框和底纹"对话框，选择边框类型为"方框"，单击右下角的"选项"按钮，打开"边框和底纹选项"对话框，在"测量基准"列表中选择"文字"，可以添加以文字为基准的页面边框，如图3-22所示。

3）底纹

底纹是为某些文字或段落添加背景颜色或图案。具体操作方法如下：

（1）选中需要添加底纹的文字或段落。

（2）打开"边框和底纹"对话框，切换到"底纹"选项卡，如图3-23所示。

（3）设置其填充颜色、图案样式及图案颜色、应用范围等。

图3-22　"边框和底纹选项"对话框

图3-23　"底纹"选项卡

2．分栏

分栏是指将一段或多段文本分成并列的几排，常用于报纸、书籍和杂志的排版中。具体操作方法如下：

（1）选中需要分栏的段落。

（2）单击"布局"选项卡 | "页面设置"组 | "栏"，在弹出的下拉列表中选择相应的选项对文本进行分栏，如图 3-24 所示。

（3）如果设置更多栏数、各栏的宽度、栏与栏的间距和分隔线等，可以选择列表中的"更多栏"选项，打开"栏"对话框，完成相应的设置，如图 3-25 所示。

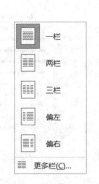

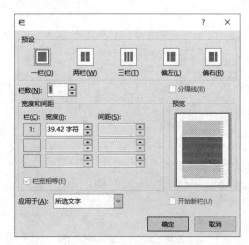

图 3-24　"栏"下拉列表　　　　　图 3-25　"栏"对话框

实训 3-7　删除分栏产生的分节符，取消分栏格式。

打开有分栏格式的文档，单击"视图"选项卡 | "视图"组 | "草稿"（ 草稿 ），切换到草稿视图，可以看到将分栏段落分隔开的分节符。将插入点定位在分节符上，按【Delete】键删除分节符，再单击"视图"选项卡 | "视图"组 | "页面视图"，切换到页面视图，则取消了文档中的分栏格式。

3．首字下沉

首字下沉是指将某个段落中的第一个字设置为下沉或悬挂的效果，使其跨越多行文本显示。具体操作方法如下：

（1）将插入点定位在需要设置首字下沉段落中的任意位置。

（2）单击"插入"选项卡 | "文本"组 | "首字下沉" | "首字下沉选项"，打开"首字下沉"对话框，如图 3-26 所示。

（3）在"位置"和"选项"区域中进行首字下沉的设置。

4．项目符号和编号

编辑文档时，有时需要列举项目或条款，可以使用项目符号和编号使文档层次分明、结构清晰、便于阅读。具体操作方法如下：

1）项目符号

（1）选中需要添加项目符号的段落。

（2）单击"开始"选项卡｜"段落"组｜"项目符号"（），在弹出的下拉列表中选择一种符号样式，可以对各段添加项目符号，如图 3-27 所示。

（3）如果需要自定义项目符号，可以选择列表中的"定义新项目符号"选项，打开"定义新项目符号"对话框，如图 3-28 所示。通过"符号""图片"和"字体"按钮重新设置符号的样式，还可以设置符号的对齐方式。

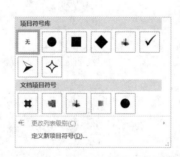

图 3-26 "首字下沉"对话框　图 3-27 "项目符号"下拉列表　图 3-28 "定义新项目符号"对话框

2）编号

（1）选中需要添加编号的段落。

（2）单击"开始"选项卡｜"段落"组｜"编号"（），在弹出的下拉列表中选择需要添加的编号。

（3）如果列表中没有合适的编号，用户可以自定义新的编号格式。

实训3-8 给段落添加编号，编号格式为"第一、第二、第三、……"。

选中文档所有段落，单击"开始"选项卡｜"段落"组｜"编号"（），选择下拉列表中的"一、二、三（简）…"编号格式；再次打开编号列表，单击"定义新编号格式"选项，打开"定义新编号格式"对话框，如图 3-29 所示。将插入点定位在"编号格式"文本框中的"一、"左侧，输入"第"字，确定后将看到各段所需编号。

3）多级列表

多级列表主要是给文档的各个级别设置编号。

（1）选中需要添加多级列表的段落。

（2）单击"开始"选项卡｜"段落"组｜"多级列表"（），

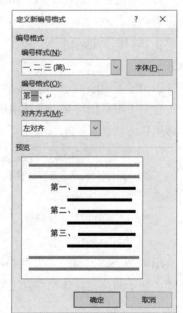

图 3-29 "定义新编号格式"对话框

在弹出的下拉列表中选择需要添加的列表样式。

（3）如果列表中没有合适的多级编号，用户可以自定义新的多级列表和列表样式。

实训3-9　使用"增加缩进量"按钮（ ），设置多级列表。

将插入点定位在第二级标题处，单击"开始"选项卡 | "段落"组 | "增加缩进量"，调整第二级标题位置；同理，使用"增加缩进量"按钮调整第三级标题位置；选中所有标题文本，单击"开始"选项卡 | "段落"组 | "多级列表"，选择下拉列表中的一种多级编号，将文档的各级标题设置为多级编号格式。

5. 批注、脚注和尾注

批注是指用户在审阅文档时添加的批阅性文字，一般添加在正文的右页边距处。脚注和尾注是对文档中的特殊文本进行解释说明，脚注添加在页面底端，尾注添加在文档结尾处。具体操作方法如下：

1）批注

（1）添加批注。选中需要添加批注的文本，单击"审阅"选项卡 | "批注"组 | "新建批注"，显示批注文本框，在文本框中输入批注内容。

（2）删除批注。用鼠标指针指向添加批注的文本或批注内容，单击"审阅"选项卡 | "批注"组 | "删除"；或者右击，在弹出的快捷菜单中选择"删除批注"选项，可以将批注删除。

2）脚注和尾注

（1）添加脚注和尾注。将插入点定位在需要插入脚注或尾注的位置，单击"引用"选项卡 | "脚注"组对话框启动器（ ），打开"脚注和尾注"对话框，如图 3-30 所示。选择脚注或尾注，并设置"格式"，单击"插入"按钮后，插入点将置于脚注或尾注编辑区，输入注释内容即可。

用户也可以单击"引用"选项卡 | "脚注"组中的"插入脚注"按钮（ ）或"插入尾注"按钮（ ），直接插入脚注或尾注。

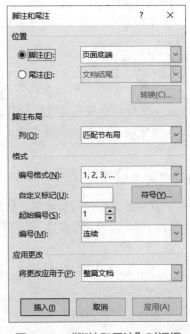

图 3-30　"脚注和尾注"对话框

（2）删除脚注和尾注。选中正文中需要删除的脚注或尾注的标记，按【Delete】键，可以将脚注或尾注删除。

6. 中文版式

在对文档进行排版时，根据需要可以使用中文版式对字符做特殊效果的设置。

（1）拼音指南：单击"开始"选项卡 | "字体"组 | "拼音指南"（ ），为所选文字添加拼音。

（2）带圈字符：单击"开始"选项卡 | "字体"组 | "带圈字符"（ ），为所选字符添加带圈效果。

（3）中文版式：单击"开始"选项卡 | "段落"组 | "中文版式"（ ），在弹出的下拉列表中选择纵横混排、合并字符、双行合一等中文版式，如图 3-31 所示。

- 纵横混排：将所选的字符进行纵横混排，实现文本混排效果。
- 合并字符：将所选的字符合成一个整体，字符将被压缩并排列成两行。
- 双行合一：将所选的字符压缩成长度相等的上下两行，两行高度与一行文本的高度相同。

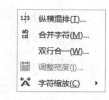

图 3-31 "中文版式"下拉列表

3.3.4 格式刷的使用

在对文档进行格式设置时，根据需要可以将某段文本的格式复制给其他文本。具体操作方法如下：

（1）选中已经格式化的文本，单击"开始"选项卡 | "剪贴板"组 | "格式刷"（ ✔ 格式刷 ），鼠标指针变成刷子形状（▲I）。

（2）按住鼠标左键在需要格式化的文本上拖动，将其格式变为所选文本的格式。

> (!) 提示：
>
> 单击"格式刷"按钮可以复制一次文本的格式，使用完毕后，"格式刷"将自动消失，鼠标指针将恢复默认形状；双击"格式刷"按钮可以永久性地保持复制文本的格式，使用完毕后，再次单击"格式刷"按钮或按【Esc】键，才能取消"格式刷"的使用。

3.3.5 样式的使用

在对长文档进行编辑时，使用样式可以很方便地将段落排版成统一格式，使文档具有风格一致的专业外观。样式是一组已经命名的字符和段落等格式，用户也可以自定义及修改样式。

1）使用样式

选中需要使用样式的段落，单击"开始"选项卡 | "样式"组 | 样式列表，在列表中选择相应的样式，如标题、标题2……，如图 3-32 所示。单击"样式"组对话框启动器（ ⭘ ），打开"样式"窗格，可以选择更多的样式，如图 3-33 所示。

2）新建样式

用户可以根据需要创建新样式。在"样式"窗格中单击"新建样式"按钮（ ⺀ ），打开"根据格式化创建新样式"对话框，可以定义新样式名称、样式类型、样式基准、后续段落样式及特殊格式，如图 3-34 所示。

- 名称：定义新样式的名称，注意不要和已有样式重名。
- 样式类型：选择样式的类型，以确定应用范围，常用类型有段落、字符、链接段落和字符、表格、列表。
- 样式基准：指当前创建的样式以哪种已有的样式为基础来创建。
- 后续段落样式：应用新样式的段落回车后，下一个段落自动套用哪种样式。

3）修改、删除样式

如果对选用的某种样式不满意，用户可以根据需要对某种样式进行修改或删除。在"样式"

窗格中，在需要修改的样式上右击，在弹出的快捷菜单中选择"修改样式"选项，打开"修改样式"
对话框，根据需要修改样式，如图 3-35 所示。同理，选择快捷菜单中的"删除"选项，可以将
选择的样式删除。

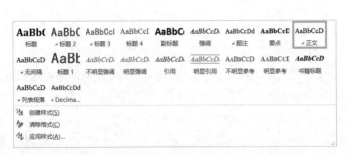

图 3-32　"样式"列表　　　　　　　　　　　　　图 3-33　"样式"窗格

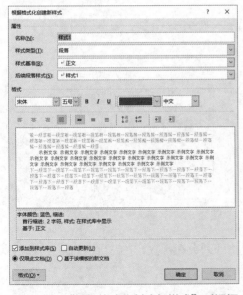

图 3-34　"根据格式化创建新样式"对话框

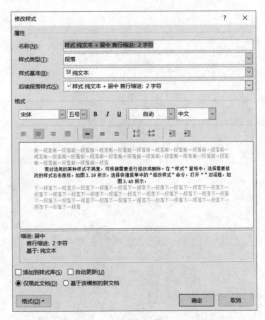

图 3-35　"修改样式"对话框

实训 3-10　应用"样式"，制作论文目录。

打开论文源文档，将插入点定位在标题段落中，单击"开始"选项卡 | "样式"组 | 样式列
表 | "标题"，将标题段落样式设置为"标题"；同理，设置二级标题段落的样式为"标题 2"，

三级标题段落的样式为"标题3",使文档中同级标题的样式保持一致。将插入点定位在目录页,单击"引用"选项卡|"目录"组|"目录",在弹出的下拉列表中选择"自动目录1",使用标题样式的文本将自动创建目录内容。

3.4 表格的制作

在日常办公中,经常需要用到各种类型的表格,如账目表、工资表、个人履历表等。制作表格的基本操作主要包括创建表格、修改表格、对表格中的数据进行计算和排序等。

3.4.1 创建表格

1. 快速创建表格

快速创建表格的具体操作方法如下:

(1)将插入点定位在需要插入表格的位置。

(2)单击"插入"选项卡|"表格"组|"表格",在弹出的下拉列表中拖动鼠标指针向右下方移动,如图3-36所示。当行数和列数符合要求时,单击鼠标左键,可以在插入点处创建一个表格。

2. 插入表格

插入表格的具体操作方法如下:

(1)将插入点定位在需要插入表格的位置。

(2)单击"插入"选项卡|"表格"组|"表格"|"插入表格",打开"插入表格"对话框,如图3-37所示。

图3-36 "表格"下拉列表

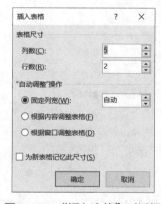

图3-37 "插入表格"对话框

(3)分别在"列数"和"行数"数值框中设置表格的列数和行数,在"自动调整"操作区域中设置表格的列宽。

(4)单击"确定"按钮,可以在插入点处创建一个表格。

3. 绘制表格

绘制表格的具体操作方法如下:

(1)将插入点定位在需要插入表格的位置。

（2）单击"插入"选项卡｜"表格"组｜"表格"｜"绘制表格"，鼠标指针变成笔形，可以进行表格的绘制。

（3）如果绘制斜线表头，可以按住鼠标左键并拖动，从表头单元格的左上角到右下角绘制一条斜线。

（4）如果擦除某条边线，可以按住【Shift】键，鼠标指针变成橡皮形状，单击边线可以擦除。

4. 插入 Excel 电子表格

在 Word 中，用户可以插入一个具有数据处理功能的 Excel 电子表格对象，从而增强 Word 的数据处理能力。具体操作方法如下：

（1）将插入点定位在需要插入表格的位置。

（2）单击"插入"选项卡｜"表格"组｜"表格"｜"Excel 电子表格"，可以插入一个空白的 Excel 电子表格，用户可以在 Excel 工作环境中编辑表格。

（3）编辑结束后，在文档的其他位置单击鼠标左键，将退出 Excel 编辑环境。

5. 使用"快速表格"创建表格

使用"快速表格"创建表格的具体操作方法如下：

（1）将插入点定位在需要插入表格的位置。

（2）单击"插入"选项卡｜"表格"组｜"表格"｜"快速表格"，在弹出的列表中选择一种内置的表格样式，如图 3-38 所示。

（3）选择一种表格样式插入文档中，可以修改表格的内容。

实训 3-11　将以逗号分隔的文本转换成表格。

打开源文档，选中文本，单击"插入"选项卡｜"表格"组｜"表格"｜"文本转换成表格"，打开"将文字转换成表格"对话框，如图 3-39 所示。确定后源文档的文本将转换成表格。

> ！ 提示：
>
> 源文档的逗号分隔符为英文的标点符号。

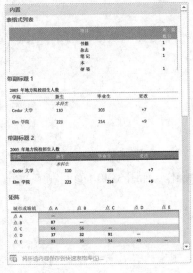

图 3-38　"快速表格"列表

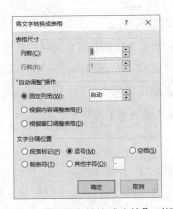

图 3-39　"将文字转换成表格"对话框

3.4.2 表格格式化

1. 选择单元格

1）选择单元格

将插入点定位在需要选择的单元格中，单击"表格工具 | 布局"选项卡 | "表"组 | "选择" | "选择单元格"；或者将鼠标指针指向需要选择的单元格内左侧的选择区，鼠标指针变成（↗）形状，单击可以选择该单元格。

2）选择行

将插入点定位在需要选择行的任意一个单元格中，单击"表格工具 | 布局"选项卡 | "表"组 | "选择" | "选择行"；或者将鼠标指针指向表格左侧的选择区，鼠标指针变成（⟋）形状，单击可以选择该行。如果需要选择多行，在表格左侧的选择区进行拖动选择即可。

3）选择列

将插入点定位在需要选择列的任意一个单元格中，单击"表格工具 | 布局"选项卡 | "表"组 | "选择" | "选择列"；或者将鼠标指针指向表格上边界的选择区，鼠标指针变成（↓）形状，单击可以选择该列。如果需要选择多列，在表格上边界的选择区进行拖动选择即可。

4）选择表格

将插入点定位在需要选择表格的任意一个单元格中，单击"表格工具 | 布局"选项卡 | "表"组 | "选择" | "选择表格"；或者将鼠标指针指向表格，单击表格左上角出现的"选择表格"标记（⊞），可以选择整个表格。

2. 插入行或列

插入行或列的方法基本相同，下面以插入行为例介绍具体的操作方法。

（1）选中与插入位置相邻的行，选择的行数与需要增加的行数相同。

（2）单击"表格工具 | 布局"选项卡 | "行和列"组 | "在上方插入"或"在下方插入"，可以完成插入操作。

> ⊙ 提示：
>
> 如果需要在表格末尾添加一行，可以将插入点定位在最后一行的最后一个单元格中，然后按【Tab】键。

3. 删除行或列

删除行或列的方法基本相同。具体操作方法如下：

（1）选中需要删除的行或列。

（2）单击"表格工具 | 布局"选项卡 | "行和列"组 | "删除"，在弹出的下拉列表中选择相应的选项，可以完成删除操作，如图3-40所示。

✄	删除单元格(D)...
✄	删除列(C)
✄	删除行(R)
✄	删除表格(T)

图3-40 "删除"下拉列表

> ⊙ 提示：
>
> 选中表格中的行或列之后，按【Delete】键，删除的只是表格中的内容，而不能将行或列删除。

4．调整行高和列宽

调整表格的行高或列宽的方法基本相同，下面以调整列宽为例介绍具体的操作方法。

1）使用鼠标指针调整

（1）将插入点定位在需要调整列宽的列中或选中该列。

（2）将鼠标指针指向对应于这一列的水平标尺上的"移动表格列"标记处，按住鼠标左键并拖动；或者将鼠标指针指向需要改变列宽的列分隔线上，当变成水平双向箭头形状时，按住鼠标左键并拖动，可以改变列宽。

> (!) 提示:
>
> 如果用户只想改变某列中一个或几个单元格的宽度，可以先选中需要改变宽度的单元格，再使用鼠标指针调整列宽即可。

2）使用"表格属性"对话框

（1）将插入点定位在需要调整列宽的列中或选中该列。

（2）单击"表格工具|布局"选项卡|"表"组|"属性"，打开"表格属性"对话框，切换到"列"选项卡，如图 3-41 所示。

（3）勾选"指定宽度"复选项，设置"指定宽度"和"度量单位"。

（4）单击"前一列"或"后一列"按钮，可以继续修改相邻列的宽度。

5．合并和拆分单元格

1）合并单元格

合并单元格就是将相邻的多个单元格合并成一个单元格。具体操作方法如下：

（1）选中需要合并的单元格区域。

（2）单击"表格工具|布局"选项卡|"合并"组|"合并单元格"，可以完成合并单元格操作。

2）拆分单元格

拆分单元格就是将表格中的一个单元格拆分成多个单元格，达到增加行数和列数的目的。具体操作方法如下：

（1）选中需要拆分的单元格。

（2）单击"表格工具|布局"选项卡|"合并"组|"拆分单元格"，打开"拆分单元格"对话框，如图 3-42 所示。

（3）在"列数"和"行数"数值框中设置单元格拆分后的列数和行数。

（4）单击"确定"按钮完成设置。

6．单元格中文本的对齐方式

设置单元格中文本的对齐方式，具体操作方法如下：

（1）选中需要设置对齐方式的单元格。

（2）单击"表格工具|布局"选项卡|"对齐方式"组中的对齐按钮进行设置，如图 3-43 所示。

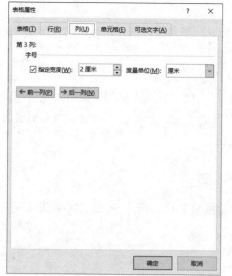

图 3-42 "拆分单元格"对话框

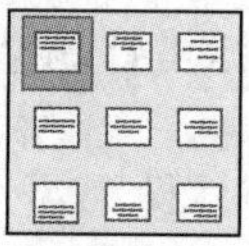

图 3-41 "表格属性"对话框中"列"选项卡

图 3-43 单元格对齐方式

7. 设置表格样式及边框

设置表格边框和样式的常用方法有以下两种。

1）使用"表格样式"工具组

选中整个表格，单击"表格工具 | 设计"选项卡 | "表格样式"组 | 表格样式列表，如图 3-44 所示。在列表中选择一种样式，应用到所选表格中，可以改变表格的整体效果。

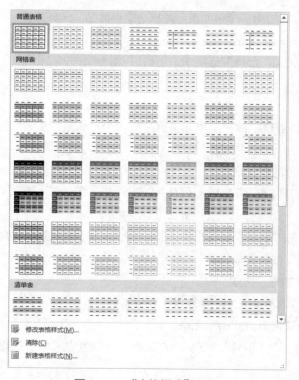

图 3-44 "表格样式"列表

2）使用表格"边框"工具组

选中需要设置边框的单元格，在"表格工具 | 设计"选项卡 | "边框"组中，使用边框样式、笔样式、笔划粗细、笔颜色、边框和边框刷等按钮对表格边框进行格式设置，如图 3-45 所示。

图 3-45　"边框"组

3.4.3　表格中数据的计算与排序

1. 表格中数据的计算

Word 提供了许多函数可以对表格中的数据进行计算，常用的函数有：求和函数 SUM（）、平均值函数 AVERAGE（）、计数函数 COUNT（）、最大值函数 MAX（）、最小值函数 MIN（）等，下面以求和函数为例介绍具体的操作方法。

（1）将插入点定位在存放结果的单元格中。

（2）单击"表格工具 | 布局"选项卡 | "数据"组 | "公式"，打开"公式"对话框，如图 3-46 所示。

（3）在"公式"文本框中输入计算公式"=SUM（）"，或者从"粘贴函数"下拉列表框中选择 SUM 函数，并在公式的括号中输入参数求和的范围。

（4）单击"确定"按钮，计算出指定范围内数值的和。

2. 表格中数据的排序

用户可以对表格中的数据进行"升序"或"降序"的排序。具体操作方法如下：

（1）将插入点定位在表格的任意一个单元格中。

（2）单击"表格工具 | 布局"选项卡 | "数据"组 | "排序"，打开"排序"对话框，如图 3-47 所示。

（3）选择排序关键字的优先次序、类型和排序方式，单击"确定"按钮完成设置。

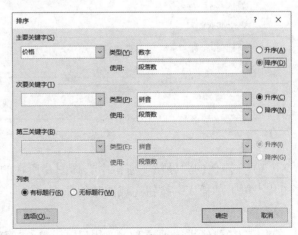

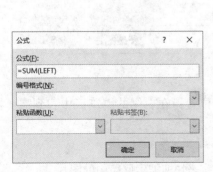

图 3-46　"公式"对话框　　　　　　图 3-47　"排序"对话框

实训 3-12　对分页的表格自动添加标题行。

打开源文档，选中表格标题行，单击"表格工具 | 布局"选项卡 | "数据"组 | "重复标题行"，

当表格分页时，将为新一页的表格自动添加标题行。

3.5 图文混排

Word不仅具有强大的文字处理功能，还具有很强的图片处理能力。在文档中插入图形、图片、文本框、艺术字等对象，最终排版出图文并茂、赏心悦目的效果。

3.5.1 插入与编辑图片

1. 插入图片

Word可以将硬盘、光盘、U盘等存储媒体中的图片插入到文档中，也可以直接插入网络中的图片。具体操作方法如下：

1）插入本机图片

（1）将插入点定位在需要插入图片的位置。

（2）单击"插入"选项卡 | "插图"组 | "图片" | "此设备"，打开"插入图片"对话框，如图3-48所示。

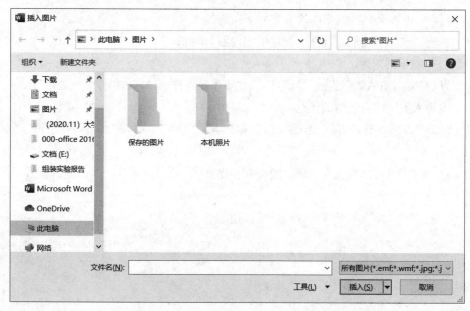

图3-48　"插入图片"对话框

（3）在左侧的"导航"窗格中选择图片所在的位置，在右侧的浏览区中找到需要插入的图片，单击"插入"按钮完成图片的插入。

2）插入联机图片

Office 2016自带联机搜索功能，用户可以输入关键字来快速搜索网络中的图片。

（1）将插入点定位在需要插入图片的位置。

（2）单击"插入"选项卡 | "插图"组 | "图片" | "联机图片"，打开"插入图片"对话框，如图3-49所示。

图 3-49　"插入图片"对话框

（3）在"搜索必应"文本框中输入搜索关键字，能够快速搜索到用户需要的图片，如图 3-50 所示。

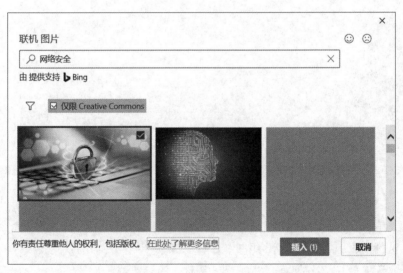

图 3-50　"联机图片"对话框

（4）在搜索结果中选用需要的联机图片，单击"插入"按钮，可以插入图片文件。

2. 编辑图片

选中插入的图片后，在窗口上方将自动显示"图片工具｜格式"选项卡，通过各个工具组可以对图片进行各种编辑操作，如图 3-51 所示。

- "调整"组：用来调整图片的效果，如删除背景、校正图片亮度和对比度、更改图片颜色、添加艺术效果等。
- "图片样式"组：用来设置图片的外观样式，如图片边框、图片效果、图片版式等。单击"图片工具｜格式"选项卡｜"图片样式"组对话框启动器（ ），打开"设置图片格式"

窗格，设置图片效果，如图 3-52 所示。

- "排列"组：用来调整图片和文字的位置关系，如位置、环绕文字、叠放次序、对齐等。
- "大小"组：用来设置图片的大小，如裁剪、高度、宽度等。

图 3-51 "图片工具 | 格式"选项卡

⚠ 提示：

选中图片后，"布局选项"浮动工具将自动浮现，在浮动工具列表中可以快速地设置图片文字环绕方式，如图3-53所示。

图 3-52 "设置图片格式"窗格

图 3-53 "布局选项"浮动工具列表

实训3-13 将图片裁剪成云形，并添加蓝色边框。

选中图片，单击"图片工具 | 格式"选项卡 | "大小"组 | "裁剪" | "裁剪为形状"，选择列表中"基本形状"组的"云形"，然后再单击"图片工具 | 格式"选项卡 | "图片样式"组 | "图片边框"（ 图片边框· ），选择列表中"标准色"组的蓝色，完成图片的编辑。

3.5.2 插入与编辑形状

1. 绘制形状

Word 提供了多种形状图形，如线条、矩形、箭头、流程图、标注等，可以制作更专业的文档。具体操作方法如下：

图 3-54 "形状"下拉列表

（1）单击"插入"选项卡 | "插图"组 | "形状"，在弹出的下拉列表中选择所需的形状，如图 3-54
所示。

（2）返回到文档编辑区，鼠标指针变成"十"字形，按住鼠标左键并拖动，绘制形状
图形。

> ⚠ 提示：
>
> 　　正方形和圆形分别是矩形和椭圆的特例，绘制时先单击"矩形"或"椭圆"按钮，
> 然后按住【Shift】键，再绘制即可。

2. 编辑形状

1）选择形状

单击某个形状图形，它的四周将出现 8 个控制点，表示形状图形已被选中。如果需要同时选
中多个形状，按住【Shift】键，依次单击每个需要选中的形状即可。

2）在形状中添加文字

在形状图形上右击，在弹出的快捷菜单中选择"添加文字"选项，可以在形状中添加文字。

3）编辑形状

选中形状图形后，在窗口上方将自动显示"绘图工具 | 格式"选项卡，通过各个工具组可以
对形状进行编辑，如图 3-55 所示。它的操作方法与编辑图片基本相同。

图 3-55　"绘图工具 | 格式"选项卡

- "插入形状"组：用来插入新形状，或者更改当前形状。
- "形状样式"组：用来设置形状的外观样式，如形状填充、形状轮廓、形状效果等。
- "艺术字样式"组：用来设置形状内部文本的样式，如艺术字样式、文本填充、文本轮廓、
  文本效果等。
- "文本"组：用来设置形状内部文本的方向和对齐方式。
- "排列"和"大小"组：这两组与前面介绍的图片工具组基本相同。

3.5.3　插入与编辑 SmartArt 图形

1. 插入 SmartArt 图形

SmartArt 图形能直观地表示数据关系、结构层次等，用户通过它可以创建公司的组织结构图
和生产的流程图等。具体操作方法如下：

（1）将插入点定位在需要插入 SmartArt 图形的位置。

（2）单击"插入"选项卡 | "插图"组 | "SmartArt"，打开"选择 SmartArt 图形"对话框，
如图 3-56 所示。

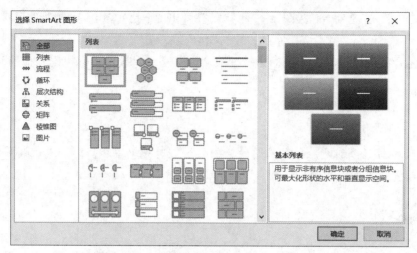

图 3-56　"选择 SmartArt 图形"对话框

（3）在对话框的列表中选择一种样式，例如，选择"层次结构"类别中的"组织结构图"，单击"确定"按钮，可以在插入点处创建一个 SmartArt 图形，如图 3-57 所示。

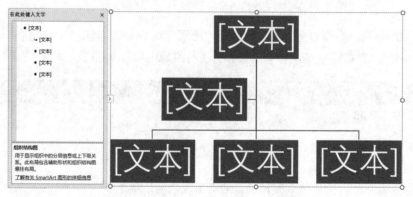

图 3-57　"组织结构图"SmartArt 图形

（4）在左侧窗格或右侧文本框中均可以输入文字内容，二者将同步显示。

2. 编辑 SmartArt 图形

选中 SmartArt 图形后，在窗口上方将自动显示"SmartArt 工具"的"设计"和"格式"选项卡，通过各个工具组可以编辑图形的布局和样式，如图 3-58 所示。

1）"设计"选项卡

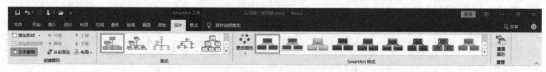

图 3-58　"SmartArt 工具"的"设计"选项卡

- "创建图形"组：可以在其他位置继续添加形状，也可以移动各形状的位置。
- "版式"组：用来更改图形的布局。

- "SmartArt 样式"组：用来设置图形的外观样式和颜色。
- "重置"组：放弃对 SmartArt 图形所做的全部格式更改。

2）"格式"选项卡

通过各个工具组可以对 SmartArt 图形进行编辑，它的操作方法与编辑形状基本相同。

3.5.4　插入与编辑文本框

1. 插入文本框

在 Word 中，通过文本框可以将某些文本放在文档中的特定位置。具体操作方法如下：

（1）单击"插入"选项卡 | "文本"组 | "文本框"，在弹出的下拉列表中选择一种内置的文本框样式，或者选择"绘制横排文本框"/"绘制竖排文本框"选项来手动绘制文本框，如图 3-59 所示。

（2）在文本框中输入文本后，在文本框以外的任意位置单击，结束操作。

图 3-59　"文本框"下拉列表

> ！提示：
>
> 　在插入文本框时，也可以先选中文本，再单击"插入"选项卡 | "文本"组 | "文本框" | "绘制横排文本框"或"绘制竖排文本框"，选中的文本将被放置到文本框中。

2. 编辑文本框

（1）选择文本框。在文本框的边框线上单击，可以选中文本框。

（2）调整文本框大小。选中文本框后，它的四周将出现 8 个控制点，将鼠标指针移动到任意一个控制点上，按住鼠标左键并拖动，可以调整文本框的大小。

（3）改变文本框位置。将鼠标指针移动到文本框的边框线上，鼠标指针变成（ ）形状，按住鼠标左键并将其拖动到目标位置，释放鼠标左键即可。

（4）设置文本框格式。选中文本框后，在窗口上方将自动显示"绘图工具 | 格式"选项卡，通过各个工具组可以对文本框进行编辑，它的操作方法与编辑形状基本相同。

（5）删除文本框。选中文本框，按【Delete】键，文本框和它内部的文本将同时被删除。

3.5.5　插入与编辑艺术字

1. 插入艺术字

艺术字是指具有特殊效果的文字，可以设置其颜色、字体和形状等，以满足不同的排版需要。具体操作方法如下：

（1）单击"插入"选项卡 | "文本"组 | "艺术字"，在弹出的下拉列表中选择一种艺术字样式，如图 3-60 所示。

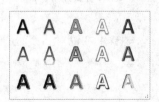

图 3-60　"艺术字"下拉列表

（2）在文档编辑区出现艺术字编辑框，输入艺术字内容即可。

2. 编辑艺术字

选中艺术字后，在窗口上方将自动显示"绘图工具 | 格式"选项卡，通过各个工具组可以对艺术字进行编辑，它的操作方法与编辑文本框基本相同。

3.5.6 插入与编辑公式

Word提供的公式编辑器能够帮助用户编辑各种公式，下面以求和公式为例说明其使用方法。

求和公式： $s(t) = \sum_{i=0}^{\infty} x_i^2(t)$

具体操作方法如下：

（1）将插入点定位在需要插入公式的位置。

（2）单击"插入"选项卡 | "符号"组 | "公式" | "插入新公式"，将在文档中插入公式编辑框。

（3）选中公式编辑框后，在窗口上方将自动显示"公式工具 | 设计"选项卡，如图3-61所示。

图 3-61　"公式工具 | 设计"选项卡

（4）其中"符号"组提供了一系列的数学符号，"结构"组提供了一系列的公式结构。开始编辑求和公式，在公式编辑框中输入"s(t)="，然后在"大型运算符"下拉列表、"下上标"下拉列表中选择相应的结构，并将插入点移动到相应的位置输入字母或插入符号。

（5）公式编辑完毕后，在文档其他区域单击鼠标左键，退出公式编辑状态。

（6）如果删除公式，只需选中公式，按【Delete】键即可。

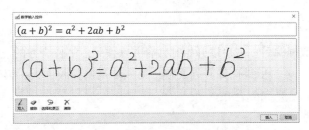

图 3-62 "数学输入控件"对话框

实训3-14 使用画布绘制组合图形。

画布是个大容器,可以容纳各种类型的图形对象。单击"插入"选项卡|"插图"组|"形状"|"新建画布",新建一个矩形区域的画布。在画布内可以插入或绘制多个图形对象,整个画布即为一个组合图形,对整个画布的编辑方法与编辑形状基本相同。

3.6 邮件合并

在处理文档过程中,有些文档类型比较特殊,如邀请函、获奖证书、准考证、录取通知书等,这些文档格式固定、内容相似、数据量大,我们可以使用邮件合并功能批量制作此类文档。

3.6.1 创建主文档

主文档是指批量文档中固定不变的内容,如录取通知书的标题、主体、落款等。Word 提供了 6 种邮件合并的文档类型,包括信函、电子邮件、信封、标签、目录和普通 Word 文档。下面是以录取通知书为例,创建的邮件合并的主文档,如图 3-63 所示。

3.6.2 编辑数据源

数据源是指主文档中变化的内容,通常来自于表格,可以是 Word 表格文件、Excel 表格文件、文本文件、数据库文件等。表格文件的要求是:第一行为标题行,其余各行为包含各个标题数据的记录。下面是根据主文档的内容,创建的 Excel 数据源文件,如图 3-64 所示。

图 3-63 邮件合并的主文档

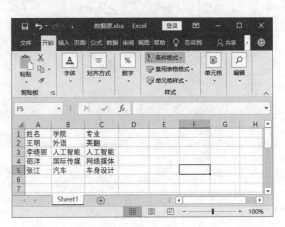

图 3-64 邮件合并的数据源

3.6.3 邮件合并

准备好主文档和数据源后，就可以开始邮件合并操作了。邮件合并的主要步骤分为 6 步：第一步是选择文档类型；第二步是选择开始文档；第三步是选择收件人；第四步是撰写信函；第五步是预览信函；第六步是完成合并。

具体操作方法如下：

（1）单击"邮件"选项卡|"开始邮件合并"组|"开始邮件合并"|"邮件合并分步向导"，打开"邮件合并"窗格，如图 3-65 所示。当前"选择文档类型"为"信函"，单击"下一步：开始文档"超链接。

（2）开始文档选择"使用当前文档"，单击"下一步：选择收件人"超链接。

（3）收件人选择"使用现有列表"，单击"浏览"按钮（ 📇 浏览... ），选择已经编辑好的 Excel 数据源文件，单击"下一步：撰写信函"超链接。

（4）将插入点定位于主文档的下画线处，单击"撰写信函"向导中的"其他项目"按钮（ 📇 其他项目... ），插入合并域，效果如图 3-66 所示。单击"下一步：预览信函"超链接。

（5）使用"预览信函"向导中的前后翻页按钮，可以查看合并记录；还可以使用"查找收件人"按钮（ 🔍 查找收件人... ），查找指定记录。单击"下一步：完成合并"超链接。

（6）单击"完成合并"向导中的"编辑单个信函"按钮（ 📇 编辑单个信函... ），打开"合并到新文档"对话框，如图 3-67 所示。选择需要合并的记录并完成合并，最后保存合并文档。

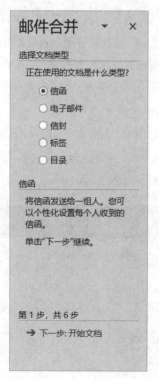

图 3-65　"邮件合并"窗格

图 3-66　插入合并域

图 3-67　"合并到新文档"对话框

3.7 页面的设置与打印

3.7.1 页眉与页脚设置

页眉和页脚是显示在文档页面顶端和底部的提示信息，在页眉和页脚中可以插入页码、日期和时间、公司徽标和章节名称等内容。

1. 插入页眉和页脚

插入页眉和页脚的具体操作方法如下：

（1）单击"插入"选项卡 | "页眉和页脚"组 | "页眉"或"页脚"，弹出"页眉"或"页脚"下拉列表，如图 3-68 所示。

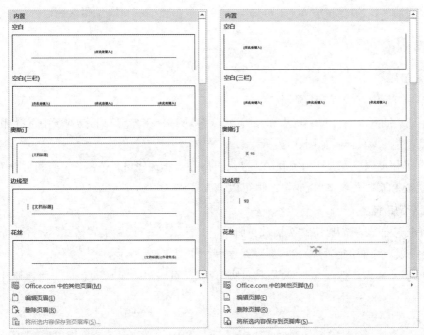

图 3-68　"页眉"和"页脚"下拉列表

（2）在下拉列表中选择一种页眉或页脚样式，输入文本内容即可。

（3）在下拉列表中选择"编辑页眉"或"编辑页脚"命令，可以进行自定义设置。

2. 编辑页眉和页脚

（1）页面顶端是页眉编辑区，页面底部是页脚编辑区，进入页眉和页脚编辑区，在窗口上方将自动显示"页眉和页脚工具 | 设计"选项卡，通过各个工具组可以对页眉和页脚进行编辑，如图 3-69 所示。

图 3-69　"页眉和页脚工具 | 设计"选项卡

- "页眉和页脚"组：用来编辑文档的页眉和页脚。
- "插入"组：在页眉和页脚编辑区可以插入日期和时间、作者、文件名、单位传真、地址和电话等。
- "导航"组：单击"转至页眉"或"转至页脚"按钮，可以切换页眉和页脚编辑区，或者单击"上一条"或"下一条"按钮，在各节间跳转。
- "选项"组：用来设置不同的页眉和页脚，如首页不同、奇偶页不同等。
- "位置"组：用来设置页眉和页脚区域的距边界的距离。
- "关闭"组：单击"关闭页眉和页脚"按钮，完成页眉和页脚的编辑状态，返回到文档的编辑状态。

（2）从文档编辑区再次返回页眉和页脚编辑区，只需单击"插入"选项卡|"页眉和页脚"组|"页眉/页脚"|"编辑页眉/编辑页脚"，或者双击页眉、页脚编辑区即可。

3.7.2　页码设置

1. 插入页码

插入页码的常用方法有以下两种。

（1）单击"插入"选项卡|"页眉和页脚"组|"页码"，在弹出的下拉列表中选择相应的选项，可以在指定位置插入页码，如图 3-70 所示。

（2）页码和页眉、页脚是相关联的，进入页眉和页脚编辑区，单击"页眉和页脚工具|设计"选项卡|"页眉和页脚"组|"页码"，也可以插入页码。

2. 编辑页码格式

（1）单击"插入"选项卡|"页眉和页脚"组|"页码"|"设置页码格式"，打开"页码格式"对话框，可以设置页码的编号格式和页码编号等，如图 3-71 所示。

（2）单击"插入"选项卡|"页眉和页脚"组|"页码"|"删除页码"，可以删除页码。

图 3-70　"页码"下拉列表

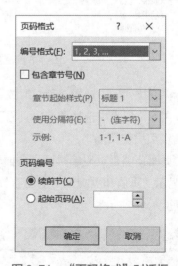

图 3-71　"页码格式"对话框

3.7.3　页面设置

1. 使用"页面设置"工具组

文档在打印之前需要进行页面设置，页面设置是指对页边距、纸张大小、纸张方向等进行设置。在"布局"选项卡|"页面设置"组，使用这些常用命令按钮可以直接进行页面设置，如图3-72所示。

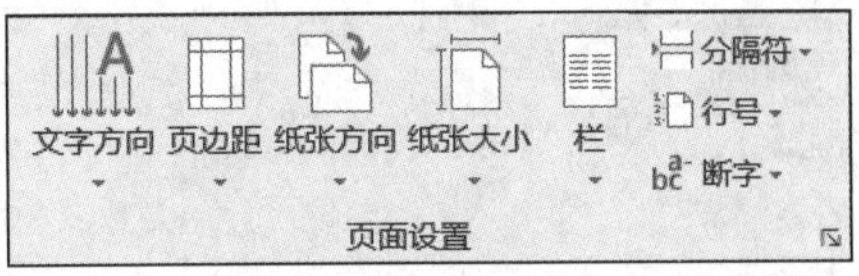

- 文字方向：用来定义文档的文字方向。
- 页边距：是指文本距纸张上、下、左、右边缘的距离。
- 纸张方向：是指纸张为纵向还是横向。
- 纸张大小：是指选择使用的纸型（如A4、B5等）。

图 3-72　"页面布局"选项卡中"页面设置"组

- 分隔符：用户可以在文档中插入分页符、分节符或分栏符。
- 行号：是指在文档每一行的左页边距中添加行号。
- 断字：是指在单词音节间添加断字符。

2. 使用"页面设置"对话框

单击"布局"选项卡|"页面设置"组对话框启动器（），打开"页面设置"对话框，如图3-73所示。

1）"页边距"选项卡

用来设置整个文档的上、下、左、右页边距，以及打印文档的装订区域，还可以设置打印的纸张方向。设置完毕后，在"应用于"下拉列表中选择应用范围。

2）"纸张"选项卡

用来设置纸张的大小和打印纸的来源。如果在"纸张大小"下拉列表中选择"自定义大小"，需在"高度"和"宽度"数值框中输入纸张的高度和宽度值，否则为当前所选纸张的尺寸。

3）"布局"选项卡

用来设置奇偶页或首页的页眉页脚是否相同、页眉页脚距离边界的距离等。

4）"文档网格"选项卡

用来设置文字排列的方向，设置文档有无网格，以及定义每页行数、每行字符数和间距等。

实训3-15　将空白文档设置为"方格式稿纸"，纸张大小为B5，页脚内容为"第X页 共Y页"，居中显示。

新建一个空白文档，单击"布局"选项卡|"稿纸"组|"稿纸设置"，打开"稿纸设置"对话框，如图3-74所示。在"格式"列表中选择"方格式稿纸"，在"纸张大小"列表中选择"B5"，在"页脚"中选择"第X页 共Y页"，在"对齐方式"中选择"中"，确定后即得到所需的稿纸格式。

图 3-73 "页面设置"对话框

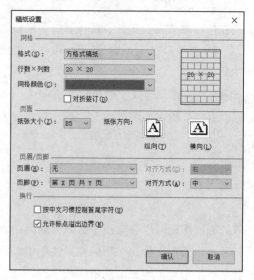

图 3-74 "稿纸设置"对话框

3.7.4 文档打印

1. 打印预览

在打印文档时，应该先预览文档的打印效果，查看是否还需要对文档进行编辑和修改，以得到满意的效果。具体操作方法如下：

选择"文件"选项卡 | "打印"命令，在窗口右侧可以预览打印文档，如图 3-75 所示。

图 3-75 "打印"窗口

2. 打印文档

如果计算机连接了打印机，并且已经设置好，就可以打印文档了。如果直接使用打印机的默认设置打印当前文档的全部内容，则单击"打印"按钮完成打印任务；如果打印文档之前需要对打印机属性和打印方式进行设置，可以在"设置"区域设置打印的页面范围、打印方式、打印方向、页面边距、每张打印页数等打印参数。

案例 1　Word 的字符、段落格式设置

视频●……

Word的字符、
段落格式设置
●………

 案例描述

本案例要求对"邀请函"文档进行字体、字号、字形等字符格式设置，并对文档的各个段落进行对齐方式、段落缩进、段间距、行距等段落格式设置，完成图 3-76 所示的邀请函的排版效果。

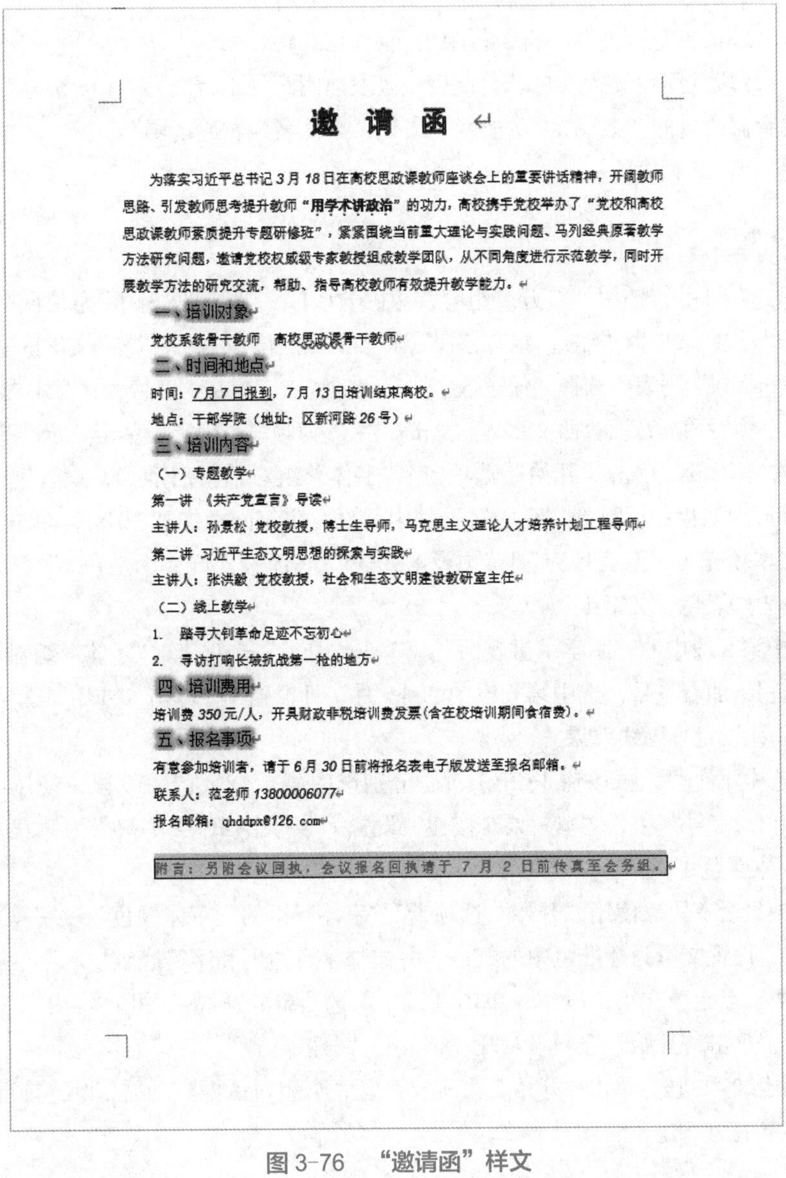

邀 请 函

　　为落实习近平总书记 3 月 18 日在高校思政课教师座谈会上的重要讲话精神，开阔教师思路、引发教师思考提升教师"用学术讲政治"的功力，高校携手党校举办了"党校和高校思政课教师素质提升专题研修班"，紧紧围绕当前重大理论与实践问题、马列经典原著教学方法研究问题，邀请党校权威级专家教授组成教学团队，从不同角度进行示范教学，同时开展教学方法的研究交流，帮助、指导高校教师有效提升教学能力。

一、培训对象

党校系统骨干教师　高校思政课骨干教师

二、时间和地点

时间：7 月 7 日报到，7 月 13 日培训结束高校。

地点：干部学院（地址：区新河路 26 号）

三、培训内容

（一）专题教学

第一讲 《共产党宣言》导读

主讲人：孙景松 党校教授，博士生导师，马克思主义理论人才培养计划工程导师

第二讲 习近平生态文明思想的探索与实践

主讲人：张洪毅 党校教授，社会和生态文明建设教研室主任

（二）线上教学

1.　踏寻大钊革命足迹不忘初心

2.　寻访打响长城抗战第一枪的地方

四、培训费用

培训费 350 元/人，开具财政非税培训费发票（含在校培训期间食宿费）。

五、报名事项

有意参加培训者，请于 6 月 30 日前将报名表电子版发送至报名邮箱。

联系人：范老师 13800006077

报名邮箱：qhddpx@126.com

附言：另附会议回执，会议报名回执请于 7 月 2 日前传真至会务组。

图 3-76　"邀请函"样文

具体要求如下：

（1）启动 Word 程序，打开"案例 1– 邀请函"原文档。

（2）在全文中查找任意数字，并替换其字体为 Arial，字形为倾斜。

（3）第 1 段字体设置为黑体、二号、加粗，字符间距加宽 10 磅，文字效果为"文本填充"|"渐变填充"|"预设渐变"|"底部聚光灯 – 个性色 2"，文本轮廓为黑色实线。

（4）第 2 段中的"用学术讲政治"文本设置为加粗、加着重号，第 6 段中的"7 月 7 日报到"文本添加下画线。

（5）第 3、5、8、17、19 段字号设置为小四，文本效果为"发光"|"发光：18 磅；蓝色，主题色 1"。

（6）最后一段文本设置为红色，并添加字符边框和字符底纹。

（7）第 1 段设置为居中对齐，最后一段设置为分散对齐。

（8）第 2~23 段首行缩进 2 字符，行距为固定值 20 磅。

（9）第 1 段段后间距设置为自动，最后一段段前间距为 1 行。

（10）另存修改过的"案例 1– 邀请函"文档，文件名为"邀请函"。

（11）退出 Word 程序。

操作提示

（1）启动 Word 后，使用"打开"组合键【Ctrl+O】，打开"案例 1– 邀请函"原文档。

（2）单击"开始"选项卡|"编辑"组|"替换"，将插入点定位在"查找内容"文本框中，单击"更多"按钮，在"特殊格式"列表中选择"任意数字"；将插入点定位在"替换为"文本框中，打开"格式"列表中的字体对话框，设置西文字体为 Arial，字形为倾斜，确定后单击"全部替换"按钮。

（3）选中第 1 段，单击"开始"选项卡|"字体"组对话框启动器，设置字体为黑体、字号为二号、字形为加粗；切换到"高级"选项卡，设置字符间距加宽 10 磅；单击"文字效果"按钮，设置文本填充为"渐变填充"|"预设渐变"|"底部聚光灯 – 个性色 2"；设置文本轮廓为实线，颜色为"黑色，文字 1"。

（4）选中第 2 段中的"用学术讲政治"，单击"开始"选项卡|"字体"组对话框启动器，设置字形为加粗，加着重号；选中第 6 段中的"7 月 7 日报到"，单击"开始"选项卡|"字体"组|"下画线"，设置下画线效果。

（5）先选中第 3 段，再按住【Ctrl】键，分别选中第 5、8、17、19 段，使用"开始"选项卡|"字体"组|"字号"和"文本效果"按钮，设置字号为小四，文本效果为"发光"|"发光：18 磅；蓝色，主题色 1"。

（6）选中最后一段，使用"开始"选项卡|"字体"组的"字体颜色""字符边框"和"字符底纹"按钮，设置文本为标准色中的红色，并添加字符边框和字符底纹。

（7）将插入点定位在第 1 段中，单击"开始"选项卡|"段落"组|"居中"；将插入点定位在最后一段，单击"开始"选项卡|"段落"组|"分散对齐"。

（8）选中第 2~23 段，单击"开始"选项卡|"段落"组对话框启动器，设置首行缩进 2 字符，设置行距为固定值 20 磅。

（9）将插入点定位在第 1 段中，单击“开始”选项卡|“段落”组对话框启动器，设置段后间距为自动；同理，将插入点定位在最后一段，设置段前间距为 1 行。

（10）单击“文件”选项卡|“另存为”命令，将文档保存到适当的位置，文件名为“邀请函”。

（11）单击标题栏右侧的“关闭”按钮，退出 Word 程序。

视频

Word的特殊格式设置

案例 2　Word 的特殊格式设置

案例描述

本案例要求对“电子杂志”文档进行边框和底纹、分栏、项目符号和编号、批注、尾注、首字下沉等特殊格式设置，完成图 3-77 所示的电子杂志排版效果。

网络教学的特点*

近年来，随着网络技术和多媒体技术的发展，网络化教育已成为现代教育的主流趋势。在学校教育中，多媒体网络可对各种教学信息资源进行设计、处理、检索和传递，有利于对教学资源的组织、利用和管理。基于网络的教学环境更为学生提供了宽广、有弹性且极具创意的学习空间，使得以学生为中心、基于资源及讨论交流的全新教学方法得以实现，这对学生知识的获取、合作精神的培养以及实践技能的提高起着重要的作用，这代表这现代教学技术发展的方向。

- 建构教学理论认为

知识是学习者在一定的社会文化背景和情境下，利用必要的学习资源，通过与他人的协商交流合作和本人进行意义建构方式获得。

- 网络教学的特点

1. 在网络化学习模式中，通过创设情境，提供了符合学习需求的外部刺激，学生积极主动地同外部环境发生相互作用，是认知结构的同化和顺应过程得以发生和完成。
2. 网络化学习模式提供了多种学习资源，让学生为完成学习任务而进行自主学习和问题探究。同时，通过组织开展小组协作活动，让学生合作搜集分析选取学习资源，提出解决问题的方案、合作完成项目，发现总结知识规律并对学习成果进行评价，最终达到知识意义的建构。
3. 整个学习过程是在计算机网络教学系统上完成的，多媒体网络系统提供了学习情境和资源、交互协作和反馈调控的环境。因而它是帮助学生主动建构知识意义的认知工具，而不是传统教学中教师灌输知识的手段和方法。
4. 在网络化学习模式中，我们更多地关注学生的主动求知与实践参与，关注学生学习能力、习惯和态度的形成。因而这种基于建构教学理论的教学模式能有效地促进学生的信息素质能力的发展，提高教学效益。
5. 网络化学习方式，为超越时空和地域的限制创造了条件，学生可以在任何时间、任何地点进行学习。同时，借助于网络教学系统，既能进行课堂教学，又是课堂教学是延伸和补充。

网络化学习也存在这一定的问题。首先，网络教学教师具有较高的选择能力和控制能力，否则会导致学习效果不佳；对于学生，需要具备一定的学习主动性和自我约束能力，从而进行自主学习和协作学习，并要有一个对学习方法重新适应的过程。其次，网络存在着各种安全问题，例如病毒和非法入侵的防范、数据的安全性等亟待解决的安全问题。随着人类社会由工业社会向信息社会转变，教育观念也正经历着从被动式学习向主动式学习的转变。因此，网络在教育中的作用将越来越重要。我们应该不断地探索和实践网络教学的应用形式，使信息技术更好地为教育服务。

* 撰文/张 XX　　设计/孙 XX

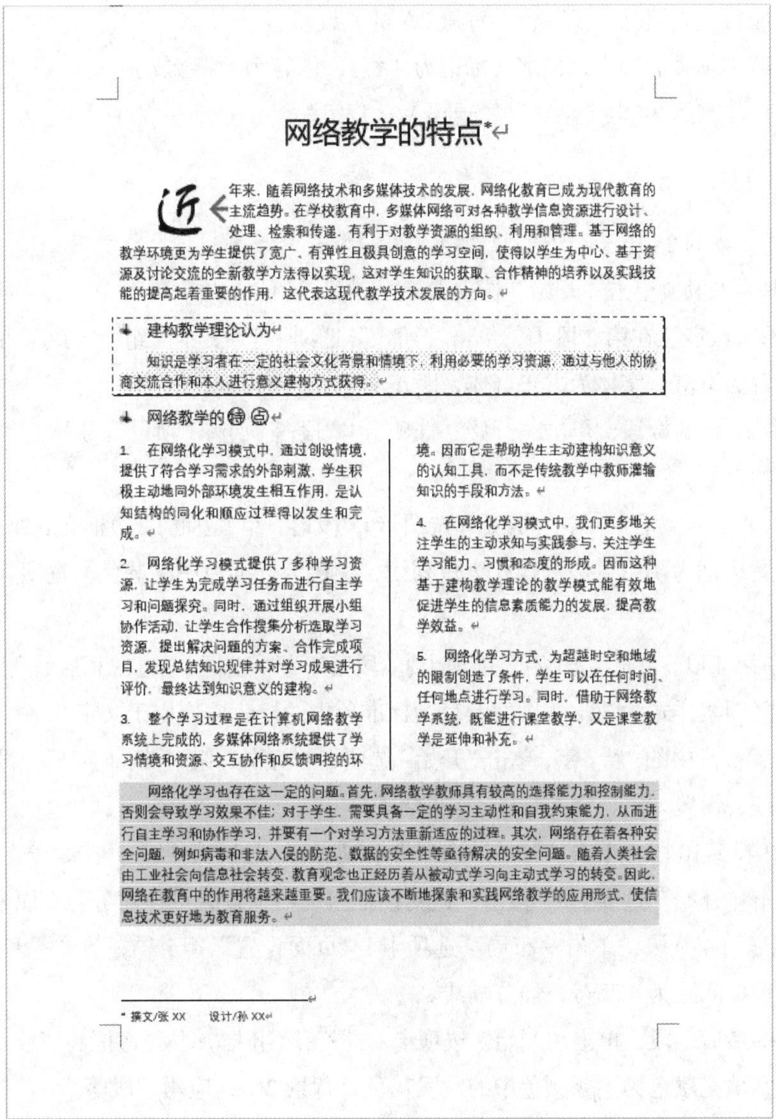

图 3-77　“电子杂志”样文

具体要求如下：

（1）打开"案例2–电子杂志"原文档。

（2）第1段设置为居中对齐。

（3）第2段设置为首字下沉效果，字体为方正舒体，距正文0.5厘米。

（4）为第3、5两段添加样文所示的项目符号。

（5）为第3、4两段添加阴影边框，边框样式为短划线，颜色为蓝色，宽度为1.5磅。

（6）为第4段文字添加底纹，底纹的图案样式为20%，图案颜色为橙色。

（7）将第5段中的"特"和"点"两字设置为带圈字符效果。

（8）为第6~10段添加样文所示的编号，并设置其段落的悬挂缩进为0厘米。

（9）将第6~10段平均分成两栏，栏间距为4字符，加分隔线。

（10）为最后一段填充"浅灰色，背景2"的底纹。

（11）为第1段添加脚注，自定义标记为"*"，内容为"撰文/张××设计/孙××"。

（12）保存"案例2–电子杂志"，退出Word程序。

操作提示

（1）打开"案例2–电子杂志"原文档。

（2）选中第1段，单击"开始"选项卡|"段落"组|"居中"。

（3）将插入点定位在第2段中，单击"插入"选项卡|"文本"组|"首字下沉"|"首字下沉选项"，位置为下沉，字体为方正舒体，距正文为0.5厘米。

（4）选中第3、5两段，单击"开始"选项卡|"段落"组|"项目符号"，在项目符号库中选择样文所示的符号。

（5）选中第3、4两段，单击"开始"选项卡|"段落"组|边框|"边框和底纹"，在"边框"选项卡中，设置边框为阴影，边框样式为短划线，颜色为标准色中的蓝色，宽度为1.5磅，应用于段落。

（6）选中第4段，单击"开始"选项卡|"段落"组|边框|"边框和底纹"，在"底纹"选项卡中，设置图案样式为20%，图案颜色为标准色中的橙色，应用于文字。

（7）选中第5段中的"特"字，单击"开始"选项卡|"字体"组|"带圈字符"，设置样式为"增大圈号"；同理，设置"点"字的带圈字符效果。

（8）选中第6~10段，单击"开始"选项卡|"段落"组|"编号"，在编号库中选择样文所示的编号，单击"开始"选项卡|"段落"组对话框启动器，设置悬挂缩进为0厘米。

（9）选中第6~10段，单击"布局"选项卡|"页面设置"组|"栏"|"更多栏"，选择预设的两栏，设置栏间距为4字符，加分隔线。

（10）选中最后一段，单击"开始"选项卡|"段落"组|边框|"边框和底纹"，在"底纹"选项卡中，设置填充颜色为主题颜色中的"浅灰色，背景2"，应用于段落。

（11）选中第1段，单击"引用"选项卡|"脚注"组对话框启动器，位置选择"脚注"，

自定义标记选择"符号"对话框中的"*"，单击"插入"之后在文档的页面底端输入脚注内容。

（12）单击"快速访问工具栏"中的"保存"按钮，保存结果文档；单击标题栏右侧的"关闭"按钮，退出 Word 程序。

 案例 3 **Word 的表格应用**

视频 ●
Word 的表格
应用

案例描述

本案例要求制作产品销售统计表，并对表格中的数据进行处理，完成图 3-78 所示的表格。

产品销售统计表				
月份 商品	一月	二月	三月	总计
台式机　联想	3120	2890	3345	9355
台式机　戴尔	2598	3356	2986	8940
台式机　惠普	2520	2965	2380	7865
笔记本　联想	4192	4850	4068	13110
笔记本　戴尔	3900	4128	4350	12378
笔记本　惠普	3312	3250	3418	9980
平均销量	3273.67	3573.17	3424.50	

图 3-78　"产品销售统计表"样文

具体要求如下：

（1）制作图 3-82 所示"产品销售统计表"。

（2）设计并布局表格，如合并单元格、拆分单元格、调整单元格行高和列宽、绘制斜线表头、设置表格边框和单元格底纹等。

（3）编辑表名，内容为"产品销售统计表"，将文本设置为黑体、三号、在单元格内水平和垂直都居中。

（4）输入表格中的文本，设置单元格文字方向和对齐方式。

（5）使用公式在相应的单元格中计算出总计和平均销量（平均销量保留小数点后两位数字）。

（6）保存"产品销售统计表"。

操作提示

（1）新建一个空白文档，单击"插入"选项卡|"表格"组|"表格"|"插入表格"，插入一个 5 列、9 行的表格。

（2）设计并布局表格：

①将鼠标指针移动到第1行的下边线,调高第1行;同理,调高第2行和调宽第1列。

②选中第2~4列单元格,单击"表格工具|布局"选项卡|"单元格大小"组|"分布列",调整这三列为等宽效果。

③将插入点定位在第2行第1个单元格中,单击"表格工具|设计"选项卡|"边框"组|"边框"|"斜下框线",绘制斜线表头。

④使用"表格工具|布局"选项卡|"合并"组,将第1行各单元格合并,将第1列第3~8行单元格拆分成2列6行,再把拆分后的第1列部分单元格合并,结果参照样文。

⑤使用"表格工具|设计"选项卡|"边框"组|"边框样式"和"边框",参照样文编辑表格的外侧框线和内部框线。

⑥使用"表格工具|设计"选项卡|"表格样式"组|"底纹",设置表格部分单元格底纹颜色。

(3)输入表名,设置表名的字体为黑体、字号为三号,使用"表格工具|布局"选项卡|"对齐方式"组|"水平居中"设置对齐方式。

(4)输入表格中的文本,使用"表格工具|布局"选项卡|"对齐方式"组|"文字方向"和对齐方式,设置单元格文字方向和位置。

(5)将插入点定位在F3单元格中(表格中的列从左至右依次用字母表示,行从上至下依次用数字表示),单击"表格工具|布局"选项卡|"数据"组|"公式",输入公式"=SUM(LEFT)",计算出"联想"的"总计";同理,计算其他品牌的销售总计;计算"平均销量"公式为"=AVERAGE(ABOVE)",编号格式为"0.00"。

(6)单击"快速访问工具栏"中的"保存"按钮,保存"产品销售统计表"。

案例4 Word 的图文混排及页面设置

 案例描述

本案例要求设计旅游宣传册,完成图3-79~图3-81所示的排版效果,并打印输出。具体要求如下:

(1)打开"案例4-宣传册1"原文档,在文档末尾插入下一页分节符;在新空白页插入文件"案例4-宣传册2.docx"中的内容。

(2)编辑文档第1页。

①在文档中插入艺术字,选用艺术字列表中的"填充:白色;边框:橙色,主题色2;清晰阴影:橙色,主题色2",内容为"万里长城";艺术字的字体设置为华文行楷,文字方向为纵向,位置为"顶端居右,四周型文字环绕";艺术字的文本效果设置为"棱台"|"圆形"和"发光"|"发光:5磅;金色,主题色4"。

长城

我国古代伟大的工程之一，始建于春秋战国时期，秦朝统一中国之后联成万里长城。汉、明两代又曾大规模修筑。其工程之浩繁，气势之雄伟，堪称世界奇迹。岁月流逝，物是人非，如今当您登上昔日长城的遗址，不仅能目睹逶迤于群山峻岭之中的长城雄姿，还能领略到中华民族创造历史的大智大勇。

世界奇迹

"北国横亘一青龙，气贯神州万里程。千古胡兵屈仰止，万重血肉铸安宁（左河水）"。长城，又称万里长城，是我国古代的军事工程，世界十大奇迹之一，1987 年列入世界文化遗产，全国重点文物保护单位。

可以说自春秋战国时期开始到清代的 2000 多年一直没有停止过修筑长城。据历史文献记载，有 20 多个诸侯国家和封建王朝修筑过长城，若把各个时代修筑的长城加起来，有 10 万里以上，其中秦、汉、明 3 个朝代所修长城的长度都超过了 1 万里。在新疆、甘肃、宁夏、陕西、内蒙古、山西、河北、北京、天津、辽宁、吉林、黑龙江、河南、山东、湖北、湖南等省、市、自治区都有古长城、烽火台的遗迹。

这些遗迹成为中国的重要文化旅游景区，每天吸引着世界各地千千万万的旅游人群，最具吸引力的旅游景点包括八达岭长城、古长城遗址、雁门关、嘉峪关长城等。

1

图 3-79　"旅游宣传册（第 1 页）"样文

游长城

📖 **旅游信息**

门票信息：成人 40 元，学生（凭证）20 元，1.2 米以下儿童、现役军人、残疾军人及 65 岁以上老年人（凭证）免费。
开放时间：9:00-17:00

📖 **交通路线**

自驾：以从北三环马甸桥上八达岭高速公路至景区出口下
公交：在德胜门正后方乘 919 路公共汽车直达八达岭长城脚下，5 分钟一趟
地铁：坐地铁到 2 号线积水潭站从 A 口出来，步行到德胜门城楼下，乘坐 877 路公交车，一站直达八达岭长城。这个最快。

📖 **注意事项**

第一，选择游哪一段长城。近年来，长城的各段大都有不同程度的旅游开发，山海关、喜峰口、司马台、金山铃、慕田峪、居庸关、八达岭等处在砖石堆砌长城中很有特色。
第二，选择好季节。长城四季的景色大不一样，摄影爱好者都可拍出好片子。如果只是一般性的游览，好季节是春秋两季，10 月份更是最佳时节。
第三，注意安全和健康问题。长城大多建在崇山峻岭之间，攀登起来有一定难度。长城沿线昼夜温差大，即使是夏季出游，也应带足衣服，以防感冒；饮食方面，各地风味不同，西段的牛羊肉较多；住宿，有农家窑洞，也有高墙窄巷的四合院。
第四，提前做些案头准备。走近长城是为了解摸历史，如查对相关的历史没有一点了解，那么到长城上，所能得到的感受其实也是有限的。

📖 **保护措施**

2020 年 4 月 6 日，《关于对破坏八达岭长城景区文物行为的惩戒办法》正式实施。根据《惩戒办法》，八达岭特区办事处对刻画、故意损坏等七类破坏文物行为给予相应的行政处罚，构成刑事犯罪的，交由公安机关依法处置。对于破坏文物和造成严重社会影响的不文明旅游行为，还将根据有关法律规定，纳入旅游不文明行为记录，限制购票参观。游客不文明行为记录"黑名单"将定期对社会公布，加大曝光力度，强化社会舆论监督。

带你体验不一样的
中国之美……

2

图 3-80　"旅游宣传册（第 2 页）"样文

长城

The Great Wall

天高云淡，

望断南飞雁。

不到长城非好汉，

屈指行程二万。

六盘山上高峰，

红旗漫卷西风。

今日长缨在手，

何时缚住苍龙。

图 3-81　封面样文

② 所有段落首行缩进 2 字符，行距设置为 1.5 倍行距。

③ 第 2 段字体设置为四号、加粗，字体颜色为"白色，背景 1"，并为第 2 段填充浅绿色底纹。

④ 在文档中插入"长城"图片，图片位置设置为"底端居中，四周型文字环绕"，图片高度设置为 7 厘米，宽度不变。

（3）编辑文档第 2 页。

① 第 1、4、8、13 段均设置为黑体、小四号、加粗，文本效果为"阴影"|"外部"|"偏移：右下"。

② 第 9、10、11、12、14 段首行缩进 2 字符，第 1、4、8、13 段的段前均设置为 0.5 行。

③ 为第 1、4、8、13 段添加样文所示的项目符号，符号的字体颜色为深红，并加粗显示。

④ 为第 4、8、13 段添加样文所示的绿色上框线，框线宽度为 2.25 磅。

⑤ 在文档中插入"图标"图片，图片的环绕文字设置为上下型环绕，删除图片背景，图片高度设置为 3 厘米，适当调整图片的位置。

⑥ 在样文所示的位置绘制横排文本框，在文本框中输入"游长城"，将文本设置为隶书、小初、加粗、居中；"游长城"3 个字分别设置为不同的艺术字样式；文本框的形状样式设置为"细微效果 – 绿色，强调颜色 6"，形状效果为"柔化边缘"|"25 磅"，适当调整艺术字的位置。

⑦ 在样文所示的位置绘制一个"思想气泡：云"标注，并添加文字"带你体验不一样的中国之美……"，适当调整形状的大小和位置。

（4）页面设置。

① 在文档中插入"积分"封面，并填写封面内容（包括标题、副标题、摘要等），更改封面图片为一张长城图片。

② 页边距上、下、左、右各设置为 2.5 厘米，装订线为 0.5 厘米、左侧装订，页眉距边界 1 厘米、页脚距边界各 1.5 厘米，纸张为 A4，应用于整篇文档。

③ 在文档页眉处插入"母版型"页眉，在页面底端插入"框中倾斜 2"页码。

（5）另存修改过的"案例 4– 宣传册 1"文档，文件名为"旅游宣传册"。

（6）在打印窗口预览结果文档，并打印输出。

操作提示

（1）打开"案例 4– 宣传册 1"原文档，将插入点定位在文档末尾，单击"插入"选项卡|"页面"组|"分页"，插入新空白页；单击"插入"选项卡|"文本"组|"对象"|"文件中的文字"，在"插入文件"对话框中查找"案例 4– 宣传册 2.docx"并插入。

（2）编辑文档第 1 页。

① 将插入点定位在第 1 段中，单击"插入"选项卡|"文本"组|"艺术字"|"填充：白色；边框：橙色，主题色 2；清晰阴影：橙色，主题色 2"，输入文字"万里长城"；使用"开始"选项卡|

"字体"组，设置字体为华文行楷；单击"绘图工具 | 格式"选项卡 | "文本"组 | "文字方向" | "垂直"；单击"绘图工具 | 格式"选项卡 | "排列"组 | "位置" | "顶端居右，四周型文字环绕"；单击"绘图工具 | 格式"选项卡 | "艺术字样式"组 | "文本效果" | "棱台" | "圆形"，单击"绘图工具 | 格式"选项卡 | "艺术字样式"组 | "文本效果" | "发光" | "发光：5 磅；金色，主题色 4"。

② 选中第 1 页文本，单击"开始"选项卡 | "段落"组对话框启动器，设置首行缩进为 2 字符，行距为 1.5 倍行距。

③ 选中第 2 段文本，使用"开始"选项卡 | "字体"组，设置字号为四号、加粗，字体颜色为"白色，背景 1"；单击"开始"选项卡 | "段落"组 | 边框 | "边框和底纹"，在"底纹"选项卡中，设置填充颜色为标准色中的浅绿，应用于段落。

④ 将插入点定位在第 1 页中，单击"插入"选项卡 | "插图"组 | "图片"，插入"长城"图片；选中图片，单击"图片工具" | "格式"选项卡 | "排列"组 | "位置" | "底端居中，四周型文字环绕"；单击"格式"选项卡 | "大小"组对话框启动器，取消"锁定纵横比"复选项，设置高度为 7 厘米。

（3）编辑文档第 2 页。

① 先选中第 1 段，再按住【Ctrl】键，分别选中第 4、8、13 段，使用"开始"选项卡 | "字体"组，设置这 4 段文本字体为黑体、小四、加粗，文本效果为"阴影" | "外部" | "偏移：右下"。

② 选中第 9、10、11、12、14 段，单击"开始"选项卡 | "段落"组对话框启动器，打开"段落"对话框，设置首行缩进为 2 字符；同理，设置第 1、4、8、13 段的段前均为 0.5 行。

③ 选中第 1、4、8、13 段，单击"开始"选项卡 | "段落"组 | "项目符号" | "定义新项目符号"，单击"符号"按钮，查找到样文所示的项目符号，确定后返回"定义新项目符号"对话框，单击"字体"按钮，设置字体颜色为标准色中的深红，字形为加粗。

④ 选中第 4、8、13 段，单击"开始"选项卡 | "段落"组 | 边框 | "边框和底纹"，在"边框"选项卡中选择第 10 种边框样式，设置颜色为标准色中的绿色，宽度为 2.25 磅，取消左、右、下边框，保留上边框，应用于段落。

⑤ 将插入点定位在第 1 段中，单击"插入"选项卡 | "插图"组 | "图片"，插入"图标"图片；选中图片，单击"图片工具 | 格式"选项卡 | "排列"组 | "环绕文字" | "上下型环绕"；单击"图片工具 | 格式"选项卡 | "调整" | "删除背景"；使用"格式"选项卡 | "大小"组，设置"高度"为 3 厘米。

⑥ 单击"插入"选项卡 | "文本"组 | "文本框" | "绘制横排文本框"，在样文所示的位置绘制横排文本框，在文本框中输入标题"游长城"，设置标题文本字体为隶书、小初、加粗、居中；分别选中"游""长""城"，单击"绘图工具 | 格式"选项卡 | "艺术字样式"组 | "快速样式"，设置不同的艺术字样式；选中文本框，使用"格式"选项卡 | "形状样式"组，设置形状样式为"细微效果 – 绿色，强调颜色 6"，形状效果为"柔化边缘" | "25 磅"。

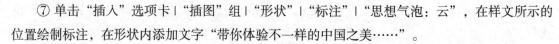

⑦ 单击"插入"选项卡 | "插图"组 | "形状" | "标注" | "思想气泡：云"，在样文所示的位置绘制标注，在形状内添加文字"带你体验不一样的中国之美……"。

（4）页面设置。

① 单击"插入"选项卡 | "页面"组 | "封面" | "积分"，插入封面后，选中封面的图片，单击"图片工具 | 格式"选项卡 | "调整"组 | "更改图片" | "来自在线来源"，搜索"长城"图片插入；输入文档标题和副标题；在右侧"摘要"标题处输入毛主席诗词"清平乐·六盘山"，删除其他部分。

② 单击"布局"选项卡 | "页面设置"组对话框启动器，在"页边距"选项卡中设置页边距上、下、左、右各 2.5 厘米，装订线 0.5 厘米、装订线位置为靠左；在"版式"选项卡中设置页眉距边界 1 厘米、页脚距边界 1.5 厘米；在"纸张"选项卡中设置纸张大小为 A4，应用于整篇文档。

③ 单击"插入"选项卡 | "页眉和页脚"组 | "页眉" | "母版型"，在文档右上角显示文档标题"长城"；单击"页眉和页脚工具 | 设计"选项卡 | "导航"组 | "转至页脚"，在页脚编辑区单击"设计"选项卡 | "页眉和页脚"组 | "页码" | "页面底端" | "框中倾斜 2"。

（5）单击"文件"选项卡 | "另存为"命令，将文档保存到适当的位置，文件名为"旅游宣传册"。

（6）单击"文件"选项卡 | "打印"命令，在打印窗口右侧预览结果文档；在打印窗口左侧根据需要设置打印参数，单击"打印"按钮。

扫码练习

第3章习题

第 4 章
Excel 2016 电子表格软件

学习目标

- 熟悉 Excel 工作界面。
- 掌握工作表的创建与编辑。
- 掌握工作表的格式化。
- 掌握各种数据分析的方法。
- 掌握公式与函数的使用。
- 掌握图表的创建与编辑。
- 掌握工作表的打印。

Microsoft Excel 是微软公司 Office 系列办公软件的重要组件之一，它能够管理电子表格、分析信息，具有强大的数据分析以及数据处理能力，并可以采用图表的形式形象直观地表示数据的动态。因此，它被广泛应用于经济、金融、管理、科学研究等各个领域。

4.1 初识 Excel 2016

4.1.1 认识 Excel 2016 工作界面

Office 2016 充分利用 Windows 10 平台所提供的云端服务，其多媒体多平台的信息共享与编辑功能读者可以参考本书第 3 章。

启动 Excel 并新建空白工作簿后，将打开图 4-1 所示的 Excel 工作窗口。它由快速访问工具栏、标题栏、选项卡、功能区、编辑栏、工作表区、工作表标签、状态栏等部分组成。

1. 快速访问工具栏

快速访问工具栏位于窗口顶端的左侧，单击"自定义快速访问工具栏"按钮（▇），在弹出的下拉菜单中可以选择常用的选项添加到快速访问工具栏中。

2. 标题栏

标题栏位于窗口的最顶端，显示应用程序名和当前工作簿的名称。单击标题栏右侧的"功能区显示选项"按钮（▣），在弹出的下拉菜单中可以选择"自动隐藏功能区"、"显示选项卡"或"显示选项卡和命令"选项。

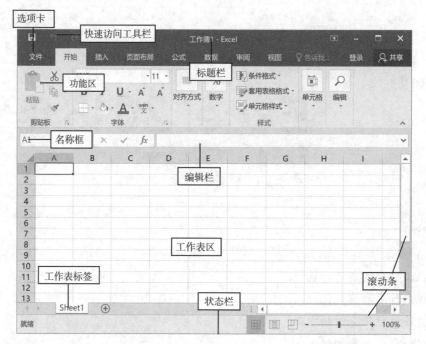

图 4-1　Excel 2016 窗口组成

3．选项卡与功能区

选项卡和功能区是对应的关系。单击某个选项卡即可展开相应的功能区，在功能区中有许多自动适应窗口大小的工具组。每组提供了常用的命令按钮或列表，有些功能组右下角有一个对话框启动器（ □ ），单击该按钮可以打开相应的对话框或任务窗格，在其中进行详细的设置。选项卡的右侧是"折叠功能区"按钮（ ∧ ），单击该按钮可以隐藏功能区。

4．编辑栏

编辑栏位于功能区下方，由名称框和编辑栏两部分组成。左侧是名称框，显示当前活动单元格（区域）的地址及名称。右侧是编辑栏，用于输入或编辑活动单元格的数据或公式。此外，编辑栏中还有3个按钮，分别是："取消"按钮（ × ）、"输入"按钮（ √ ）、"插入函数"按钮（ fx ）。

输入到单元格的数据会同时显示在单元格和编辑栏中。对于长数据，单元格默认宽度（8 个字符宽）通常不能完全显示所有内容，而编辑栏可以全部显示，因此常常要在编辑栏中编辑数据。

5．工作表区

用户可以在工作表区输入需要的信息。事实上，实现 Excel 的强大功能，主要依靠对工作表区数据的编辑及处理。

6．工作表标签

工作表标签中显示当前工作簿中包含的工作表名称，当前工作表的标签以绿色文本、浅灰背景色突出显示。

7．状态栏

状态栏可以实时显示操作的状态信息。例如，所处区域是否可以编辑、当前视图模式、页面百分比、函数计算结果等。

4.1.2　Excel 的基本概念

1. 工作簿

工作簿是 Excel 存储在磁盘上的最小存储单位，一个工作簿就是一个 Excel 文件，其扩展名为 "xlsx"。Excel 允许同时打开多个工作簿，每个工作簿各占用一个窗口，每个工作簿可以由一张或多张工作表组成。

2. 工作表

工作表是 Excel 录入、管理、计算、分析数据的基本单位，每个工作簿可以包含多张工作表，系统默认会显示 1 张工作表，用户可以根据实际情况增减工作表。每张工作表有一个工作表标签与之对应，工作表名称就显示在工作表标签处。

3. 单元格

单元格是组成工作表的最小单位，工作表中每一行、列交叉处即为一个单元格。每张工作表由 16 384 列和 1 048 576 行组成，工作表区的第一行为列标，用 A ～ XFD 表示，左侧第一列为行号，用 1 ～ 1 048 576 表示，每个单元格由所在列标和行号来标识，例如，A3 表示位于表中第 A 列、第 3 行的单元格。

在工作表中有一个单元格被加绿色框标注，此单元格称为当前单元格（或活动单元格），可以单击某单元格使其成为当前单元格。当前工作表中只能有一个单元格是活动的，在活动单元格的右下角有一个小方块，称为填充柄，填充柄可以实现数据的快速填充。

4. 单元格区域

由连续的单元格组成的矩形区域，称为单元格区域，简称 "区域"。区域可以是工作表中的一行、一列或多行和多列的组合。

区域的标识符由该区域左上角的单元格地址、英文状态的冒号与右下角的单元格地址组成，如 "A1:D5"。

4.1.3　工作簿的基本操作

1. 新建工作簿

启动 Excel 后，用户可以新建空白工作簿，系统自动将此工作簿命名为 "工作簿 1"；也可以根据需要基于某个模板新建工作簿。在当前工作簿编辑过程中，用户还可以通过以下 3 种方法创建新的空白工作簿。

（1）选择 "文件" 选项卡 |"新建" 命令，用户可以在窗口中根据需要进行工作簿类型的选择，如图 4-2 所示。

（2）在快速访问工具栏中添加 "新建" 按钮（ ），单击该按钮可以创建一个空白工作簿。

（3）按【Ctrl+N】组合键，新建空白工作簿。

2. 打开工作簿

打开已经创建并保存过的工作簿的方法与打开 Word 文档的方法相似，读者可以参考本书第 3 章。

3. 保存工作簿

建立工作簿文件后，在编辑的过程中或编辑完成后都需要保存工作簿文件，在工作中经常保存当前文件可以减少意外发生时的不必要损失。保存工作簿的方法与保存 Word 文档的方法相似，读者可以参考本书第 3 章。

大学计算机基础案例教程

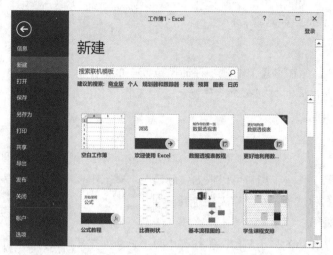

图 4-2　"新建"窗口

4.1.4　工作表的基本操作

1. 工作表的删除、插入与重命名

工作簿建立时系统默认只包含一张工作表，命名为"Sheet 1"，但在实际工作过程中，用户常常需要增加或减少工作表的数目。

1）选取工作表

单击某一张工作表的标签，则选中该张工作表；单击第一张工作表的标签，按住【Shift】键的同时单击最后一张工作表的标签，则包含在两个标签之间的全部工作表均被选中；按住【Ctrl】键的同时单击工作表标签，则选中多个不相邻的工作表。

同时选中多张工作表后，这些工作表将组成为一个工作组。向工作组中某一张工作表的任意单元格中输入数据或设置格式，工作组中其他工作表的同一位置单元格中将出现相同的数据或格式。

2）删除工作表

在要删除的工作表标签上右击，在弹出的快捷菜单中选择"删除"选项，若工作表中无数据，则该工作表直接被删除；若工作表中有数据，则弹出确认对话框，单击"删除"按钮删除该工作表，单击"取消"按钮则取消删除操作。

3）插入工作表

在工作表标签上右击，在弹出的快捷菜单中选择"插入"选项，打开"插入"对话框，在其中选择"工作表"并确定，则新工作表被插入到当前工作表之前，并且成为当前工作表；若要在某张工作表之后插入工作表，可以单击工作表标签最右端的"新工作表"按钮（ ⊕ ）。

4）重命名工作表

工作表默认名为 Sheet 1、Sheet 2……，为使工作表名体现出工作表的内容，便于直观识别，可以对工作表进行重命名。

（1）在需要重命名的工作表标签上右击，在弹出的快捷菜单中选择"重命名"选项；或者双击需要重命名的工作表标签。

（2）输入新的工作表名称，按【Enter】键确定。

2．工作表的移动与复制

在实际工作中，常常需要改变工作表之间的顺序或者为某些工作表制作副本，这就涉及工作表的移动和复制。不同工作簿间移动或复制工作表可以使用菜单命令，同一工作簿中移动或复制工作表可以使用鼠标指针拖动。

1）使用菜单命令移动或复制工作表

（1）打开两个工作簿，并在一个工作簿中选中要移动或复制的工作表。

（2）在选中的工作表标签上右击，在弹出的快捷菜单中选择"移动或复制"选项，打开"移动或复制工作表"对话框，如图 4-3 所示。

（3）在"工作簿"下拉列表中选择另一个工作簿，在"下列选定工作表之前"列表中选择要插入的位置，勾选"建立副本"复选项则进行复制工作表操作，否则执行移动操作。

（4）单击"确定"按钮，完成工作表的移动或复制。

在同一工作簿内工作表的移动或复制也可以采用上述方法完成，只是在"工作簿"下拉列表中应该选择原工作簿。

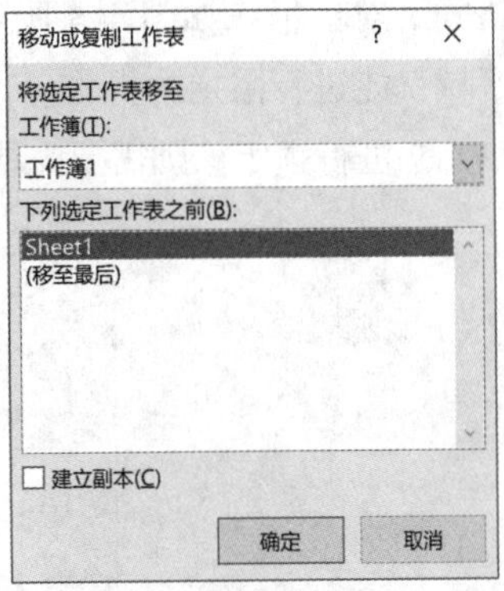

2）用鼠标移动或复制工作表

同一工作簿内工作表的移动或复制用鼠标指针拖动的方法更方便、直观。移动工作表时，沿标签处拖动当前工作表标签到所需插入处即可，复制的方法类似于移动的方法，只需在拖动的同时按【Ctrl】键即可。

图 4-3　"移动或复制工作表"对话框

3．工作表窗口的拆分与冻结

1）工作表窗口的拆分

在 Excel 中，系统提供了分割工作表的功能，可以将一张工作表"横向"或"纵向"分割成 2 个或 4 个窗格，以解决因屏幕显示限制而无法观察到全部数据的问题。

工作表窗口的拆分可以分为 3 种：水平拆分、垂直拆分、水平和垂直同时拆分。

（1）单击待分割处的单元格。

（2）单击"视图"选项卡 | "窗口"组 | "拆分"，则在所选单元格的上方和左侧出现分割框。要取消拆分，再次单击"视图"选项卡 | "窗口"组 | "拆分"，或者在拆分线上双击鼠标即可。

2）工作表窗口的冻结

工作表中数据区域较大时，由于屏幕显示范围的限制，往往需要用滚动条移动工作表窗口来查看其屏幕窗口以外的部分，但有些数据（如行标题和列标题）是不希望随着工作表窗口的移动而消失的，最好能固定在窗口的顶端或左侧，这可以通过工作表窗口的冻结来实现。

单击"视图"选项卡 | "窗口"组 | "冻结窗格"，包含"冻结窗格""冻结首行""冻结首列" 3 个选项。窗口冻结以后，当滚动条位置发生变化时，只有水平冻结线下方或垂直冻结线右侧的部分会发生移动。

要取消窗口冻结，单击"视图"选项卡 | "窗口"组 | "冻结窗格" | "取消冻结窗格"即可。

4．工作表的隐藏与保护

在实际工作中，出于数据安全的考虑，有时需要使工作簿中的某些工作表不显示，或者对工作表中某些单元格区域限定可以对其进行的操作，这就涉及工作表的隐藏与保护。

1）隐藏及显示工作表

选中要隐藏的工作表，在工作表标签上右击，在弹出的快捷菜单中选择"隐藏"选项，则选中的工作表被隐藏；要显示已隐藏的工作表时，只需在任意一个当前显示的工作表标签上右击，在弹出的快捷菜单中选择"取消隐藏"选项，并在打开的对话框中选择需要恢复显示的工作表即可。

2）保护工作表

（1）选中要锁定的单元格区域。

（2）单击"开始"选项卡|"单元格"组|"格式"|"设置单元格格式"，打开"设置单元格格式"对话框，如图4-4所示。在"保护"选项卡中可以对选中的单元格区域进行锁定，使该区域仅能进行限定的操作。（Excel默认整个工作表均为锁定区域，如果仅需要对工作表中部分单元格进行锁定，则需要先取消对整个工作表的锁定。）

图4-4   "设置单元格格式"对话框"保护"选项卡

（3）单击"审阅"选项卡|"保护"组|"保护工作表"，打开"保护工作表"对话框，可以根据需要来设定允许用户对锁定区域进行哪些操作，如图4-5所示。如果用户在锁定区域进行了受限操作，系统将提示工作表处于保护之中，如图4-6所示。

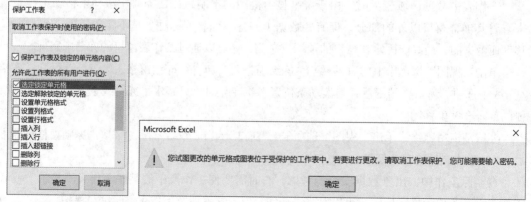

图4-5   "保护工作表"对话框   图4-6   保护提示

4.2　创建工作表

4.2.1　数据的输入

1. 直接输入常量

Excel 允许在工作表的单元格中输入文本、数值、日期和时间等多种类型的数据。在输入数据时，按【Tab】键将向右移动一个单元格，按【Enter】键则向下移动一个单元格。按【Alt+Enter】组合键可以实现在单元格内换行输入数据。

1）输入文本

文本可以是汉字、英文字母、数字、特殊符号、空格或是它们的组合，如"name_1""姓名"等。在默认情况下，文本在单元格中左对齐。

如果将数字作为文本输入，则需在数字字符串前加英文的单引号，例如，输入"'130000"，单引号仅在编辑栏中出现，不在单元格中显示。

2）输入数值

输入数值时，Excel 会自动将其在单元格中右对齐。伴随着输入操作，该数值会同时出现在活动单元格和编辑栏中，如 82.6、19%、1/4 等。当输入的数据长度超出一定长度时，数据自动以科学计数法表示数据。

为避免输入的分数被视作日期型数据，输入分数时要在分数前加上一个"0"和空格，也可以在输入数据前将单元格（区域）的数字格式设置为"分数"，再输入数据。

3）输入日期、时间

要在工作表中输入日期，必须采用 Excel 预先定义的格式来输入。日期和时间的输入可以有多种格式，日期输入格式为：yy–mm–dd 或 yy/mm/dd，如 02–01–08、02/01/08。时间输入格式为：hh:mm（am/pm），如 13:25、1:25 PM 等。

输入当前的系统日期，可以按【Ctrl+;】组合键；输入当前的系统时间，可以按【Ctrl+Shift+;】组合键。

2. 快速输入数据

1）从本列数据列表中选择

如果要在当前单元格中输入其所在列其他单元格的文本内容，可以在已经输入文本单元格的上方或下方单元格上右击，在弹出的快捷菜单中选择"从下拉列表中选择"选项，在列表中选择需要的文本即可。

2）使用【Ctrl+Enter】组合键

选中需要输入数据的单元格，在编辑栏中输入数据，按【Ctrl+Enter】组合键，则选中的单元格将全部填入编辑栏中输入的内容。

实训 4–1　快速将数据列表中所有空单元格填入"0"。

选中要填充的单元格区域，按功能键【F5】，在打开的"定位"对话框中单击"定位条件"按钮，在"定位条件"对话框中选择"空值"，如图 4–7 所示，"确定"后所有空单元格被选中；在编辑栏中输入"0"，按【Ctrl+Enter】组合键，则所有空单元格将全部填入"0"，结果如图 4–8 所示。

图 4-7　"定位条件"对话框　　　　　　　　图 4-8　填充结果

3）使用填充柄

填充柄可以实现数据的快速填充。使用填充柄进行填充时，只要将光标指向初始值所在单元格右下角的填充柄，拖动至待填充行（列）的最后一个单元格即完成自动填充操作。例如，首先在 A1 单元格中输入数据"星期一"，然后拖动其填充柄至 A5，则 A2、A3、A4、A5 单元格中的内容被自动填充为"星期二""星期三""星期四""星期五"。停止拖动时，填充柄右下角出现"自动填充选项"按钮（🖳▾），单击该标记可以通过各种选项实现各种不同类型的填充，如图 4-9 所示。

4）使用"填充"选项

单击"开始"选项卡 | "编辑"组 | "填充"，在弹出的下拉列表中选择填充的方向"向下""向右""向上""向左"，如果选择填充"序列"，则可以在"序列"对话框中进行各类序列的设定，如图 4-10 所示。

图 4-9　使用填充柄填充数据

图 4-10　"序列"对话框

5）使用自定义序列

Excel 除了本身提供的预定义序列外，还允许用户自定义序列，其填充方法与 Excel 自带序列的填充方法相同。

实训 4-2　自定义序列"华东、华南、华西、华北、华中"。

选择"文件"选项卡 | "选项"命令，打开"Excel 选项"对话框，如图 4-11 所示。选择"高级"中的"编辑自定义列表"选项，打开"自定义序列"对话框，如图 4-12 所示。在"输入序列"中输入"华东"并按【Enter】键，然后顺序输入其他序列成员，单击"添加"按钮将该序列添加到左侧"自定义序列"中并单击"确定"按钮。如果在某个单元格中输入"华东、华南、华西、华北、华中"序列成员之一，即可使用填充柄快速填充出该序列。

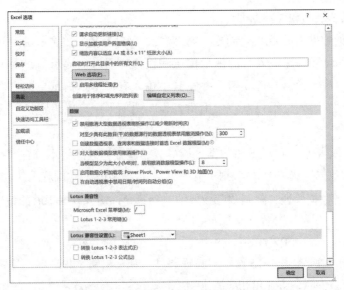

图 4-11　"Excel 选项"对话框

图 4-12　"自定义序列"对话框

3. 数据验证

为了确认所输入数据的有效性，用户可以预先设置某单元格区域允许输入的数据类型、范围等。

（1）选中需要定义有效数据的单元格区域。

（2）单击"数据"选项卡｜"数据工具"组｜"数据验证"｜"数据验证"，打开"数据验证"对话框，如图 4-13 所示。

（3）在"允许"下拉列表中选择允许输入的数据类型，如"整数"。

（4）在"数据"下拉列表中选择所需的比较运算符，如"介于""大于""小于"等，然后在下

图 4-13　"数据验证"对话框"设置"选项卡

方数据栏中根据需要填写相应数据即可。

（5）若填充的数据中可能出现空值，应该勾选"忽略空值"复选框。

此外，还可以设置数据输入时的提示信息和输入错误时的提示信息等。在"数据验证"对话框中切换到"输入信息"选项卡，并在其中输入有关提示信息，则当用户选中该单元格区域时，会出现数据输入提示信息；"出错警告"选项卡中可以规定输入无效数据时将显示的提示信息。

若在数据输入完毕后，再设置该数据区域的数据验证，并想将不符合数据验证的无效数据圈出，可以单击"数据"选项卡|"数据工具"组|"数据验证"|"圈释无效数据"。

实训4-3 设置数据验证，限制"考核成绩"列只允许输入 0 ～ 100 的整数，输入有误时弹出警告信息。

选中"考核成绩"列所有单元格，单击"数据"选项卡|"数据工具"组|"数据验证"|"数据验证"，参照图 4-14 和图 4-15 设置"验证条件"和"出错警告"。当用户输入的数据不符合设定的数据验证条件时，将弹出相应的出错警告。

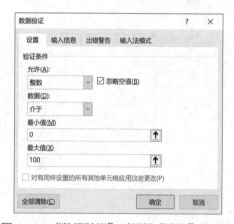

图 4-14 "数据验证"对话框"设置"选项卡   图 4-15 "数据验证"对话框"出错警告"选项卡

4.2.2 数据的编辑

1. 数据修改

1）在单元格内进行编辑

选中需要进行编辑的单元格，直接输入新数据，单元格中原有数据将被新的数据替代。如果仅仅修改单元格中的部分内容，则需双击单元格，进入单元格编辑状态，对单元格内数据进行修改。

2）在编辑栏内进行编辑

选中单元格后，单元格中的数据同时在编辑栏中显示，单击编辑栏使其激活，则可以对编辑栏中的数据进行编辑。

实训4-4 使用【Ctrl+E】组合键，快速提取身份证号中的出生年月日，快速为书籍名称加书名号。

将第一个身份证号，即 A1 单元格中的出生日期 8 位文本"19750213"复制粘贴至 B1 单元格，然后选中 B2 单元格，按【Ctrl+E】组合键，则该列所有出生日期均完成快速提取；在 E1 单元格中输入"《人生》"，然后选中 E2 单元格，按【Ctrl+E】组合键，则该列所有书籍名称均被快速添加书名号，结果如图 4-16 所示。

	A	B	C	D	E
1	22540619750213	19750213		人生	《人生》
2	25647819820130	19820130		正能量	《正能量》
3	22343519890428	19890428		活法	《活法》
4	23400919910825	19910825		名人传	《名人传》
5	22249719970706	19970706		不抱怨的世界	《不抱怨的世界》
6	46010219871230	19871230		高效人生的12个关键点	《高效人生的12个关键点》
7	21232319920513	19920513		唤醒心中的巨人	《唤醒心中的巨人》
8	15010520010527	20010527		阿甘正传	《阿甘正传》
9	44002619790218	19790218		秘密	《秘密》

图 4-16　快速编辑数据

2. 数据清除

数据清除是指可以将单元格中的格式、内容或批注等成分删除，而不删除单元格本身。要清除指定成分，可以选中单元格（区域）后，单击"开始"选项卡|"编辑"组|"清除"，在"清除"下拉列表（全部、格式、内容、批注、超链接）中选择合适的选项，可以清除单元格数据的相应成分，而单元格本身不发生变化。如果在选中单元格（区域）后按【Delete】键，可以直接清除单元格中的内容。

3. 移动与复制单元格数据

1）数据的移动和复制

操作方法与 Word 中文本的移动、复制相似，读者可以参考本书第 3 章。

2）单元格数据的选择性粘贴

一个单元格含有多种成分，如内容、格式、批注等，如果是公式，还会含有有效性规则等，数据复制有时只需复制其部分成分，如果在复制的同时还要进行算术运算、行列转置等操作，就需要通过选择性粘贴来实现。

（1）在需要复制的单元格（区域）上右击，在弹出的快捷菜单中选择"复制"选项，将数据复制到剪贴板中。

（2）选择目标区域中左上角单元格，单击"开始"选项卡|"剪贴板"组|"粘贴"|"选择性粘贴"，打开"选择性粘贴"对话框，如图 4-17 所示。

（3）在对话框中选择相应选项后，单击"确定"按钮。

实训 4-5　将工作表中表格的行列进行互换。

选中需要进行行列互换的单元格区域，按【Ctrl+C】组合键将数据复制到剪贴板中，在目标单元格上右击，在弹出的快捷菜单中选择"选择性粘贴"选项，打开"选择性粘贴"对话框，如图 4-17所示。勾选"转置"复选项并单击"确定"按钮，结果如图 4-18 所示。

图 4-17 "选择性粘贴"对话框

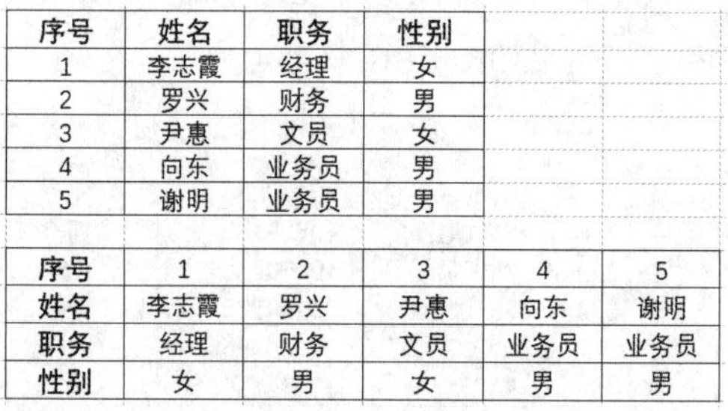

序号	姓名	职务	性别		
1	李志霞	经理	女		
2	罗兴	财务	男		
3	尹惠	文员	女		
4	向东	业务员	男		
5	谢明	业务员	男		

序号	1	2	3	4	5
姓名	李志霞	罗兴	尹惠	向东	谢明
职务	经理	财务	文员	业务员	业务员
性别	女	男	女	男	男

图 4-18 转置结果

4.2.3 单元格的操作

1. 选择单元格或单元格区域

在执行任何命令之前，必须要对进行操作的单元格（区域）进行选择。选择方法如表 4-1 所示。

表 4-1 选择单元格（区域）的方法

选 择 区 域	操 作 方 法
单元格	单击该单元格
整行（列）	单击工作表中相应的行号（列标）
整张工作表	单击工作表左上角行列交叉按钮
相邻行（列）	指针拖过相邻的行号（列标）
不相邻行（列）	选中第一行（列）后，按住【Ctrl】键，再选中其他行（列）
相邻单元格区域	单击区域左上角单元格，拖至右下角（或单击区域左上角单元格后，按住【Shift】键，再单击右下角单元格）
不相邻单元格区域	选中第一个区域后，按住【Ctrl】键，再选中其他区域

此外，还可以通过编辑栏中的名称框进行单元格（区域）的选择，如果在名称框中分别输入"A:F""2:7""A1:C3,E5:H7"，按【Enter】键确定输入后，即可选中"A 列至 F 列""第 2 行至第 7 行""A 1 至 C3 和 E5 至 H7 的两个不相邻的单元格区域"。

2. 插入和删除单元格

1）插入单元格

选中需要插入单元格的位置，单击"开始"选项卡 | "单元格"组 | "插入" | "插入单元格"，打开"插入"对话框，选择一种插入方式后，单击"确定"按钮。

2）删除单元格（区域）

选中需要删除的单元格（区域），单击"开始"选项卡 | "单元格"组 | "删除" | "删除单元格"，打开"删除"对话框，如图 4-19 所示。

图 4-19 "删除"对话框

单元格（区域）一旦删除后将影响其他单元格的位置，在对话框中可以选择删除后相邻单元格的移动方式，以填充被删除的单元格所留下的空缺。

要删除整行或整列，也可以选中其行号或列标，单击"开始"选项卡 | "单元格"组 | "删除" | "删除工作表行"或"删除工作表列"，则选中的行或列被删除。

3. 命名单元格区域

对某一单元格区域进行引用时，用区域左上角及右下角两个对角单元格地址表示，两地址间以冒号"："分隔，如单元格区域 A1:F6。用户可以对工作表内的单元格（区域）重新命名，使它们有一个更有意义、更易记忆的名称，这样既容易识别，又可以减少公式或函数中的错误。

区域的名称可以包含大写或小写字母 A 到 Z、数字 0 到 9、句点"."和下画线，第一个字符必须是字母或下画线，名称不长于 255 个字符，不能与单元格的引用名称相同。

建立区域名称的方法有两种。

（1）选中需要命名的区域，单击编辑栏左侧的名称框，进入编辑状态，输入该区域名称后按【Enter】键结束。

（2）选中需要命名的区域，单击"公式"选项卡 | "定义的名称"组 | "定义名称"，打开"新建名称"对话框。在"名称"文本框中输入该区域名称，如"积分"，如图 4-20 所示，单击"确定"按钮完成区域名称的建立。以后在该工作簿中，可以使用"积分"来引用 H4:H8 这个区域。

4. 合并单元格

调整电子表格布局时常常用到合并单元格的操作，单击"开始"选项卡 | "对齐方式"组 | "合并后居中"（合并后居中），其下拉列表中提供了合并单元格的主要命令，如图 4-21 所示。

图 4-20　定义区域名称

图 4-21　"合并后居中"下拉列表

- 合并后居中：将选中的多个单元格合并为一个单元格，合并后的单元格水平对齐方式为居中。
- 跨越合并：将相同行的所选单元格合并为一个单元格。
- 合并单元格：将所选的单元格合并为一个单元格。
- 取消单元格合并：将当前单元格拆分为多个单元格。

如果需要合并的多个单元格中已经有内容，则合并后只保留左上角单元格的内容，其他单元格内容将被删除。

4.2.4 行、列的操作

1. 插入和删除行、列

1）插入行、列

（1）选中待插入位置的一行（列），若要一次性插入多行（列），则选中相同数量的行（列）。

（2）单击“开始”选项卡|“单元格”组|“插入”|“插入工作表行”（“插入工作表列”）选项，即可完成行（列）的插入，插入的行（列）将出现在选中的行（列）之前。

2）删除行、列

（1）选中要删除的行（列）。

（2）单击“开始”选项卡|“单元格”组|“删除”|“删除工作表行”（“删除工作表列”），则选中的行（列）被删除。

实训 4–6 删除表中空行和重复行。

选中表格中所有单元格，按下功能键【F5】，在打开的“定位”对话框中将“定位条件”设置为“空值”，单击“确定”按钮后所有空行被选中。在这些空行上右击，在弹出的快捷菜单中选择“删除”选项，选择删除“整行”，则所有空行被删除，如图 4–22 所示。

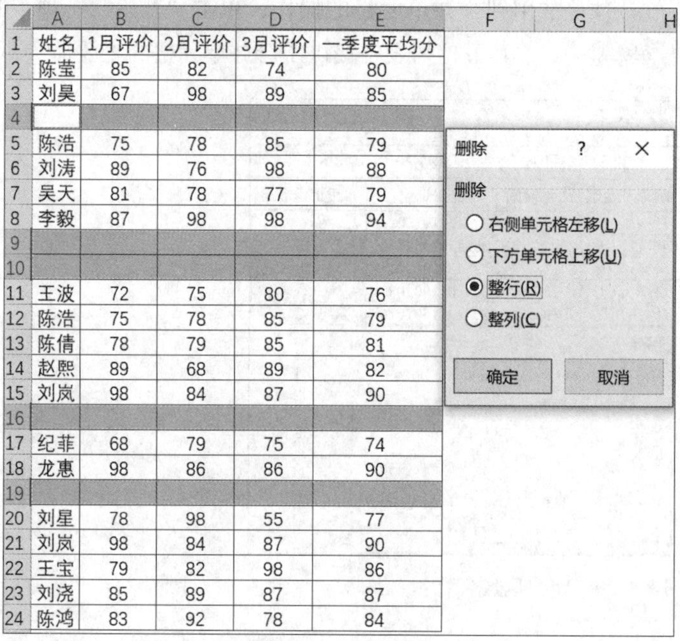

	A	B	C	D	E
1	姓名	1月评价	2月评价	3月评价	一季度平均分
2	陈莹	85	82	74	80
3	刘昊	67	98	89	85
4					
5	陈浩	75	78	85	79
6	刘涛	89	76	98	88
7	吴天	81	78	77	79
8	李毅	87	98	98	94
9					
10					
11	王波	72	75	80	76
12	陈浩	75	78	85	79
13	陈倩	78	79	85	81
14	赵熙	89	68	89	82
15	刘岚	98	84	87	90
16					
17	纪菲	68	79	75	74
18	龙惠	98	86	86	90
19					
20	刘星	78	98	55	77
21	刘岚	98	84	87	90
22	王宝	79	82	98	86
23	刘浇	85	89	87	87
24	陈鸿	83	92	78	84

图 4-22 删除空行

选中表格中所有单元格（提示：表格底部多选一行空行）即单元格区域 A1:E20，单击“数据”选项卡|“数据工具”组|“删除重复值”，打开“删除重复值”对话框，如图 4–23 所示。单击“确定”按钮，打开删除重复值提示框，如图 4–24 所示，单击“确定”按钮后重复记录被删除。

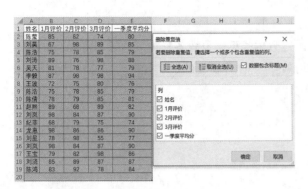

图 4-23　"删除重复值"对话框

图 4-24　删除重复值提示框

2. 设置列宽、行高

1）设置列宽

创建工作表时，所有单元格具有相同的宽度和高度，使用鼠标指针可以方便地调整列宽、行高。

默认情况下，当单元格中输入的内容超过列宽时，超长的文本将延至右侧单元格显示或不被显示，而数值、日期等格式的数据则显示为"######"，因此需要调整行高和列宽，以便于数据的完整显示。

将鼠标指针指向需要调整列宽的列标右分隔线上，鼠标指针变成水平双向箭头形状，此时有两种操作方法：第一种是双击此分隔线，列宽自动调整，以适合列中最宽数据；第二种是按住鼠标左键并拖动此分隔线到适当宽度。当列宽为 0 时，隐藏该列数据。

若需要精确设置列宽，首先选中需要设置列宽的区域，然后单击"开始"选项卡 | "单元格"组 | "格式" | "列宽"进行设置。

2）设置行高

Excel 会根据输入字体的大小自动调整行高以适应行中最大字体，行高的设置方法与列宽的设置类似。

3. 隐藏行、列

要隐藏某些行（列），可以选中其行号（列标），单击"开始"选项卡 | "单元格"组 | "隐藏和取消隐藏" | "隐藏行"（"隐藏列"），则选中的行（列）被隐藏。

4.3　工作表格式化

对工作表进行格式设置，可以使工作表的外观更美观，排列更整齐，重点更突出，更具有可读性。工作表格式包括单元格、区域、行列和工作表自身的格式，单元格格式包括数字、对齐、字体、边框、填充格式。

4.3.1　格式化数据

单击"开始"选项卡 | "单元格"组 | "格式" | "设置单元格格式"，打开"设置单元格格式"对话框，在 6 个选项卡中设置单元格的格式，使得单元格中的内容更加突出，视觉效果更好。

1. 设置数字格式

使用"数字"选项卡"分类"列表中的内置数据类型来设置各种类型的数字格式，也可以使用"分类"列表中的"自定义"选项来创建满足实际工作需要的数字格式，如图 4-25 所示。

图 4-25　"设置单元格格式"对话框"数字"选项卡

2. 设置对齐格式

单元格对齐方式除了可以规定数据的水平对齐和垂直对齐方式，还允许数据按任意角度排放。用户可以使用"对齐"选项卡设置单元格对齐格式，如图 4-26 所示。

在"文本控制"区域的 3 个复选框，用来设定单元格中内容较长时的显示样式。

- 自动换行：对输入的文本根据单元格列宽自动换行。
- 缩小字体填充：减小单元格中的字符大小，使数据的宽度与列宽相同。
- 合并单元格：将多个单元格合并为一个单元格，用来存放长数据。

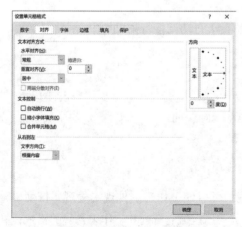

图 4-26　"设置单元格格式"对话框"对齐"选项卡

3. 设置字体

在字体设置中，字体类型、字体形状、字体尺寸是最主要的 3 个方面。在"设置单元格格式"对话框的"字体"选项卡中可以进行设置，其中各项意义与 Word 的"字体"对话框相似，此处不再复述。

4.3.2　设置边框和填充格式

1. 设置边框线

默认情况下，Excel 的表格线都是统一的浅灰色框线，这样的框线不适于突出重点数据，可以使用"设置单元格格式"对话框的"边框"选项卡为其设置其他样式的边框线。

当选定了线条样式和线条颜色后，可以为所选的单元格区域设置上、下、左、右、内部或外边框等，如图 4–27 所示。

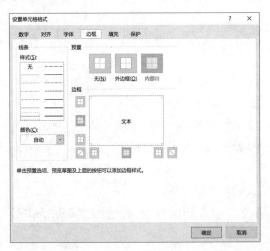

图 4-27　"设置单元格格式"对话框"边框"选项卡

2. 设置填充色和图案

为单元格区域设置合适的图案或填充色可以使工作表更为美观、鲜明。

在"设置单元格格式"对话框的"填充"选项卡中，"背景色"用于设置单元格背景的填充颜色，如图 4–28 所示；"图案颜色"用于设置单元格的图案颜色，"图案样式"列出了 18 种图案样式。

另外，也可以用"开始"选项卡中"字体"组的"填充颜色"按钮（﹏）来改变单元格背景的填充颜色。

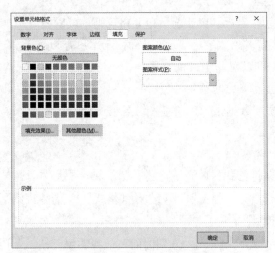

图 4-28　"设置单元格格式"对话框"填充"选项卡

4.3.3 套用表格格式

所谓套用表格格式，是指一系列可以快速应用于某一数据区域的内置格式和设置的集合，它包括字体大小、图案和对齐方式等设置信息。

（1）选中需要应用自动套用表格格式的单元格区域。

（2）单击"开始"选项卡｜"样式"组｜"套用表格格式"，在样式列表中根据需要选择一种表格样式即可。

4.3.4 格式的复制与删除

1. 格式复制

格式复制是指将某一单元格（区域）中已有的格式复制到目标单元格（区域）中。

（1）选中有相应格式的单元格作为源单元格。

（2）单击"开始"选项卡｜"剪贴板"组｜"格式刷"（ ），鼠标指针变成刷子形状。

（3）用刷型指针选中目标区域，即可完成格式复制。

2. 格式删除

（1）选中需要删除格式的单元格区域。

（2）单击"开始"选项卡｜"编辑"组｜"清除"｜"清除格式"，则选中区域中的格式被删除。

格式被删除后，单元格中的数据仍以常规格式表示，即文本左对齐，数字右对齐。

4.3.5 条件格式

使用条件格式可以根据指定的公式或数值确定搜索条件，对选中区域内满足条件的单元格应用预定义的格式。

1. 设置条件格式

（1）选中需要设置条件格式的单元格区域。

（2）单击"开始"选项卡｜"样式"组｜"条件格式"，弹出下拉列表，如图 4-29 所示。选择"突出显示单元格规则"可以使符合条件的单元格按照指定的格式突出显示，从而便于用户查阅；选择"最前 / 最后规则"可以对高于或低于平均值、值靠前或靠后的单元格突出显示；选择"数据条""色阶""图标集"可以在选中的单元格区域中添加数据条、色阶渐变、各类图标，从而便于用户直观地观察数据大小。

图 4-29 "条件格式"下拉列表

2. 删除条件格式

（1）选中需要删除条件格式的单元格区域。

（2）单击"开始"选项卡｜"样式"组｜"条件格式"｜"清除规则"，根据需要选择清除所选单元格或整个工作表的规则。

实训 4-7 使用条件格式突出显示"入司时间"最晚的单元格，并用数据条来体现员工的基本工资。

（1）选中员工的"入司时间"单元格区域 F4:F8，单击"开始"选项卡 |"样式"组 |"条件格式"|"最前 / 最后规则"|"前 10 项"，参照图 4-30 进行设置并单击"确定"按钮。

（2）选中员工的"基本工资"单元格区域 G4:G8，单击"开始"选项卡 |"样式"组 |"条件格式"|"数据条"|"渐变填充"|"绿色数据条"，结果如图 4-31 所示。

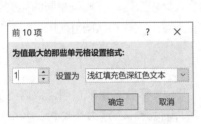

图 4-30　"前 10 项"对话框

	员工信息表					
序号	姓名	岗位	性别	入司时间	基本工资
1	周丽霞	经理	女	2015/11/1	¥9,800
2	尹政和	财务	男	2018/7/18	¥7,200
3	王明玉	文员	女	2017/7/12	¥6,800
4	柯玉富	业务员	男	2019/10/5	¥5,600
5	周楚生	业务员	男	2018/7/18	¥6,500

图 4-31　应用条件格式的结果

4.4 公式与函数的使用

公式与函数是 Excel 的重要组成部分，具有非常强大的计算功能，为分析和处理工作表中的数据提供了方便。

4.4.1 公式的使用

Excel 公式是对工作表中的数据进行分析计算的等式，类似于数学中的表达式。公式以等号开始，由数字、字符串、单元格引用、函数和运算符等组成，用以实现各种运算。如"=A1+B1+C1"。

1. 公式运算符

在公式中可以使用的运算符包括：算术运算符、文本运算符、比较运算符、引用运算符。

• 算术运算符包括：+（加）、–（减）、*（乘）、/（除）、%（百分比）、^（指数）等，其操作对象和运算结果均为数值。

• 文本运算符是：&（连接），它可以将两个文本连接起来，其操作对象可以是带引号的文字，也可以是单元格地址。

• 比较运算符包括：=（等于）、>（大于）、<（小于）、>=（大于或等于）、<=（小于或等于）、<>（不等于），比较运算的结果为逻辑值 TRUE 或 FALSE。

• 引用运算符包括：冒号（区域）、逗号（并）、空格（交），用来对不同的单元格区域进行各种运算。

2. 公式输入

既可以在编辑栏中输入公式，也可以在单元格中输入公式。

（1）选中需要输入公式的单元格，输入"="。

（2）在"="之后输入公式中的其他部分（如 A1+B1，B2&C2 等）。

（3）如果要确认输入，则按【Enter】键或单击编辑栏中的输入按钮（ ✓ ）；如果输入有误或需要重新输入，则单击编辑栏中的取消按钮（ × ）。

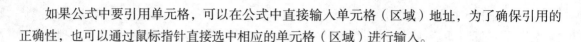

如果公式中要引用单元格，可以在公式中直接输入单元格（区域）地址，为了确保引用的正确性，也可以通过鼠标指针直接选中相应的单元格（区域）进行输入。

4.4.2 函数的使用

函数是 Excel 为用户提供的内置算法程序，Excel 2016 提供了 12 类函数，涉及财务、数学、统计、工程等各个领域。函数处理数据的方式与直接创建公式处理数据的方式是相同的。例如，使用公式"=(B2+B3+B4+B5+B6+B7+B8+B9+B10)/9"与使用函数"=AVERAGE(B2:B10)"，其作用是相同的。

1. 函数输入

Excel 函数的语法格式为：函数名 (参数 1, 参数 2,…)。其中，函数名用来指明函数需要执行的运算，参数是函数运算必需的条件。大多数函数都在括号内包含一个或多个参数，各个参数之间用英文的逗号隔开，运算结果是函数的返回值。

使用函数进行计算时，函数名称前应该键入等号。如"= SUM(B3:C4)"，其中，SUM 是函数名，说明要执行求和运算；区域"B3:C4"是一个参数，代表参与运算的数据范围为以 B3 为左上角，C4 为右下角的连续区域。

1）使用向导输入函数

Excel 提供了几百个函数，要记住所有函数名难度很大，为此，Excel 提供了向导来指导用户正确地输入函数。单击"公式"选项卡|"函数库"组|"插入函数"，或者单击编辑栏左侧"插入函数"按钮（*fx*），将出现各类函数供用户选择。如果了解函数所属类别，也可以在函数库中选择目标函数插入，如图 4–32 所示。现以求和函数为例，说明如何使用插入函数法输入函数，示例如图 4–33 所示。

	A	B	C
1	序号	编号	调配金额
2	1	ZSH	3360
3	2	DZS	3915
4	3	HBS	600
5	4	PEN	110
6	6	HBB	800
7	调配总金额：		

图 4-32 函数类别　　　　　　　　　　　图 4-33 求和示例

（1）选中需要输入函数的单元格，如 C7。

（2）单击"公式"选项卡|"函数库"组|"插入函数"，打开"插入函数"对话框，如图 4–34 所示。

（3）在对话框中选择函数类别为"常用函数"后，在"选择函数"列表中选择函数名称"SUM"，单击"确定"按钮，打开"函数参数"对话框。

（4）在 Number1 参数框中输入单元格区域 C2:C6，或者单击参数框右侧折叠对话框按钮，暂时折叠起对话框，显露出工作表，拖拽鼠标指针选中单元格区域 C2:C6，再次单击折叠对话框按钮，恢复"函数参数"对话框，此时系统将自动完成 Number1 参数框中单元格区域的输入，如图 4–35 所示。

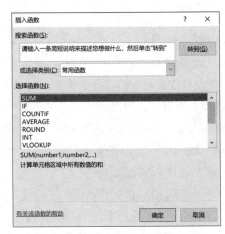

图 4-34　"插入函数"对话框

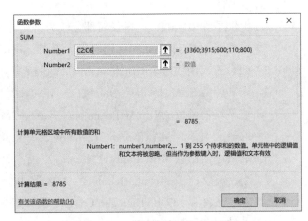

图 4-35　"函数参数"对话框

（5）单击"确定"按钮，在 C7 单元格中显示计算的结果，而在编辑栏中显示函数"=SUM(C2:C6)"。

2）直接输入函数

如果用户对函数名称和参数意义都非常清楚，可以直接在单元格中输入该函数，例如，在 C7 单元格输入"= SUM(C2:C6)"，按【Enter】键即可得到函数结果。

2. 自动求和

求和、平均值、计数、最大值和最小值等都是 Excel 中最常用的函数，为了方便用户操作，Excel 设置了一个自动求和按钮（Σ·），它能自动检测出需要进行操作的数据区域，并将计算结果填入用户指定的单元格中。

（1）选中一个数据区域及其右侧一列（或下方一行）空单元格。

（2）单击"开始"选项卡 | "编辑"组 | "自动求和"（Σ·），弹出函数下拉列表，如图 4-36 所示。

（3）在下拉列表中选择需要执行的计算命令，各行（列）数据的计算结果将分别显示在右侧一列（或下方一行）单元格中。

实训 4-8　使用状态栏查看数据的统计结果。

如果用户只是想了解工作表中数据的和、平均值、最大值、最小值、计数这些常用函数结果，可以选中需要统计的单元格区域，直接观察状态栏中的统计结果，如图 4-37 所示。如果要更改显示的项目，可以在状态栏上右击，在弹出的快捷菜单中勾选要统计的项目类型，例如，勾选"求和""平均值"选项。

图 4-36　"自动求和"下拉列表

	A	B	C	D
1	序号	编号	调配金额	
2	1	ZSH	3360	
3	2	DZS	3915	
4	3	HBS	600	
5	4	PEN	110	
6	5	HBB	800	
7	调配总金额:			

平均值: 1757　　求和: 8785

图 4-37　状态栏中的统计结果

3. 常用函数

Excel 提供了许多函数，这里仅对部分较为常用的函数做简单介绍。

（1）取整函数 INT(Number)：返回不大于 Number 的最大整数。

（2）四舍五入函数 ROUND(Number,Num_digits)：按指定的位数对数值进行四舍五入。

（3）求和函数 SUM(Number1,Number2,…)：返回参数表中所有参数值之和。

（4）取平均值函数 AVERAGE(Number1,Number2,…)：返回参数表中所有参数的平均值。

（5）取最大值函数 MAX(Number1,Number2,…)：返回参数表中所有参数的最大值。

（6）取最小值函数 MIN(Number1,Number2,…)：返回参数表中所有参数的最小值。

（7）计数函数 COUNT(Value1,Value2,...)：统计数组或单元格区域中含有数字单元格的数目。

（8）条件计数函数 COUNTIF(Range, Criteria)：统计某个单元格区域中符合指定条件的单元格数目。

（9）条件求和函数 SUMIF(Range, Criteria,Sum_range)：统计某个单元格区域中符合指定条件的单元格数值之和。

（10）逻辑判断函数 IF(Logical_test,Value_if_true,Value_if_false)：执行真假值判断，根据逻辑计算的真假值，返回不同结果。

（11）逻辑与函数 AND(Logical1,Logical2,…)：所有参数的逻辑值为真时返回 TRUE(真)；只要有一个参数的逻辑值为假，则返回 FALSE(假)。

（12）逻辑或函数 OR(Logical1,Logical2,…)：所有参数中只要有一个参数的逻辑值为真即返回 TRUE(真)，否则返回 FALSE(假)。

（13）排名函数 RANK(Number,Ref,Order)：返回某数字在一列数字中相对于其他数值的大小排名。

4.4.3　单元格引用

引用同一工作簿的其他工作表中的单元格时，工作表名与引用单元格之间用"!"分开。如"=Sheet 2!A5+A6"，其中 A5 为 Sheet2 工作表中的单元格，A6 为当前工作表中的单元格。

引用其他工作簿中的单元格时，被引用的工作簿名称添加"[ ]"。如"=[1.xlsx]Sheet 2!$A$5+A6"，其中 A5 为 1.xlsx 工作簿的 Sheet 2 工作表中的单元格，A6 为当前工作表中的单元格。

单元格引用分为：相对引用、绝对引用和混合引用。

1. 相对引用

相对引用是指在公式复制时，自动调节公式中单元格地址的引用，此方式仅用列标和行号来指明数据所在位置，如 A1、A2 等。这种引用的特点是：当进行公式复制时，保存公式的单元格的行、列将发生变化，公式参数中的行号与列标会根据公式所在单元格和被引用数据所在单元格之间的相对位置自动变化。

在 E2 单元格中输入公式"=B2+C2+D2"，如图 4-38 所示。使用填充柄将 E2 中的公式自动填充至 E3。因为公式中采用了相对引用，公式从 E2 复制到 E3，列标没有改变而行号增加 1，所以公式中引用的单元格行号也将增加 1，从 B2、C2、D2 变为 B3、C3、D3。因此，E3 单元格中的公式自动变为"= B3+C3+D3"。

	A	B	C	D	E
1	姓名	科目1	科目2	科目3	总分
2	孙宁	89	80	95	=B2+C2+D2
3	王楠	98	73	89	
4	赵勇	83	81	92	
5	李月	84	86	78	

图 4-38 原始公式

2. 绝对引用

绝对引用是特定位置单元格的引用，公式复制或移动时，被绝对引用的单元格将不随公式位置变化而改变，总是锁定为指定位置的单元格。

手动在行号、列标前均输入“ $ ”符号，或者在编辑栏中选中公式里需要进行绝对引用的部分，按下功能键【F4】，即可实现单元格的绝对引用。例如，在 E2 单元格中输入公式“= $B$2+C 2+$D$2”，此时将 E2 中的公式复制到 E3 中，因为公式中采用了绝对引用，E3 中公式仍为“= $B$2+$C$2+$D$2”，所以单元格 E2 与 E3 的结果一致。

相对引用和绝对引用使用的目的和得到的计算结果大不相同。在移动公式时，公式中单元格引用并不发生变化，但在复制公式时，被绝对引用的单元格其结果不发生变化，而被相对引用的单元格却会使结果发生变化，这就是相对引用和绝对引用的重要区别。

3. 混合引用

混合引用是指既包含绝对引用又包含相对引用的单元格引用。当由于公式复制或移动而引起行列变化时，公式的相对地址部分随位置变化，而绝对地址部分并不变化。混合引用的地址表示方法：如 A$1、$B2 等。

在选中单元格后，按功能键【F4】，可以进行 3 种引用方式的转换。

实训 4-9 使用单元格相对引用、绝对引用进行借阅总量和所占百分比的统计。

使用自动求和功能在 E2 单元格中获得函数“=SUM(B2:D2)”，使用填充柄将 E2 中的函数自动填充至 E5；在计算“占总借阅量的百分比”的公式中，要注意分子是相对引用，分母是绝对引用，因此，在 F2 单元格中输入公式“=E2/ $B$6”，使用填充柄将 F2 中的公式自动填充至 F5，结果如图 4-39 所示。

	A	B	C	D	E	F
1	文献	十月	十一月	十二月	借阅总量	占总借阅量的百分比
2	《习近平谈治国理政》	2778	2687	2695	8160	38%
3	《资本论》	1474	1554	1556	4584	21%
4	《哲学笔记》	1589	1574	1654	4817	22%
5	《文明与国际政治》	1348	1274	1389	4011	19%
6	总借阅量	21572				

图 4-39 相对引用、绝对引用计算结果

4.4.4 公式函数中常见错误

公式函数中常见错误如表 4-2 所示。

表 4-2　公式函数中常见错误

错 误 信 息	说　明
#REF!	单元格引用无效。例如，删除了公式中引用的单元格
#DIV/0!	除数为零或除数引用了空单元格
#N/A	无可用数值。例如，函数找不到匹配的值
#NAME?	使用了无法识别的文本。例如，函数名拼写或单元格引用有误
#NUM!	使用了无效数字。例如，数值超出 Excel 数值允许范围

4.5　数据的图表化

数据的图表化是将工作表中的数据以各种统计图表的形式显示出来，使编制出的工作表更加直观、易分析。

在 Excel 中，图表可以分为两种类型：一种图表位于单独的工作表中，这种图表称为图表单，直接按功能键【F11】，可以对选中的数据区域快速地创建图表类型为"簇状柱形图"的独立图表单；另外一种图表与源数据在同一张工作表中，作为该工作表中的一个对象，称为嵌入式图表，使用"插入"选项卡中的"图表"组创建的图表是嵌入式图表。

4.5.1　图表的创建

下面以创建"员工评价表"图表为例来说明图表创建的过程。

（1）选中用于制作图表的源数据，即单元格区域 A1:E5，如图 4-40 所示。

（2）单击"插入"选项卡 |"图表"组，选择需要创建的图表类型，本例中选择"插入柱形图或条形图"|"三维柱形图"|"三维簇状柱形图"，生成图表雏形，如图 4-41 所示。

	A	B	C	D	E	F
1	工号	姓名	1月评价	2月评价	3月评价	一季度平均分
2	001	陈莹	85	82	74	80
3	002	刘昊	87	98	89	91
4	003	陈浩	75	78	85	79
5	004	刘涛	89	76	98	88
6	005	吴天	59	78	77	71

图 4-40　图表数据源

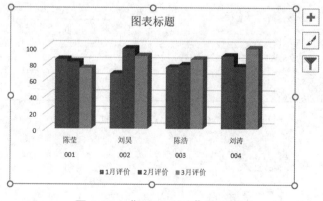

图 4-41　"员工评价表"图表雏形

（3）当选中图表时，其右侧将出现 3 个按钮，"图表元素"按钮（　）用于添加、删除或更改图表元素，例如，标题、图例等；"图表样式"按钮（　）用于设置图表的样式和配色方案；"图表筛选器"按钮（　）用于编辑要在图表上显示的数据点和名称。

4.5.2　图表的编辑

选中创建的图表雏形，在窗口上方将自动显示"图表工具"的"设计"选项卡和"格式"选项卡，通过各个工具组可以对图表进行编辑。

1. 图表设计

使用"设计"选项卡可以完成图表类型的更改、切换行 / 列、选择数据、图表布局、图表样式、移动图表位置等设计及编辑，如图 4–42 所示。

图 4-42　图表"设计"选项卡

"设计"选项卡左侧的"添加图表元素"按钮中，包含了低版本 Excel 图表"布局"选项卡中的坐标轴、坐标轴标题、图表标题、数据标签、数据表、网格线、图例等布局功能。

2. 图表格式

使用"格式"选项卡可以完成图表的形状样式、艺术字样式、大小等格式的设置及编辑，如图 4–43 所示。

图 4-43　图表"格式"选项卡

4.5.3　图表的格式化

图表的格式化是指通过格式对话框对图表的各个组成部分进行设置，包括数字、填充、边框、阴影、大小、三维格式等设置。

在图表的各个组成部分上双击鼠标，就可以对该组成部分进行个性化设置。例如，要对"员工评价表"图表的图表区进行格式设置，只需双击该图表的图表区，打开"设置图表区格式"窗格，如图 4–44 所示。在此窗格中，可以对图表区的各项格式进行设置。

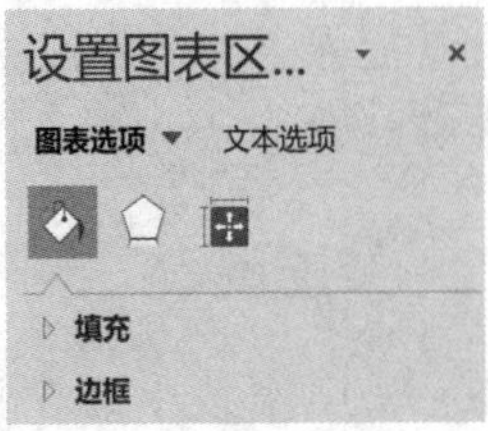

图 4-44　"设置图表区格式"窗格

本例中，图表经过创建、编辑、格式化，结果如图 4-45 所示。

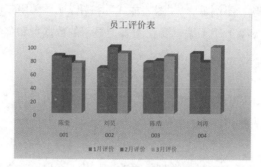

图 4-45 "员工评价表"图表

4.5.4 迷你图

迷你图并不是一个对象，而是单元格背景中的一个微型图表。迷你图的使用，可以使数据更为直观，便于用户分析数据走势及进行数据比较。

实训 4-10 制作"评价走势"迷你图。

首先选中放置迷你图的区域，即单元格区域 F2:F5，单击"插入"选项卡|"迷你图"组|"折线"，打开"创建迷你图"对话框，参照图 4-46 将"数据范围"设置为"C2:E5"并"确定"，结果如图 4-47 所示。

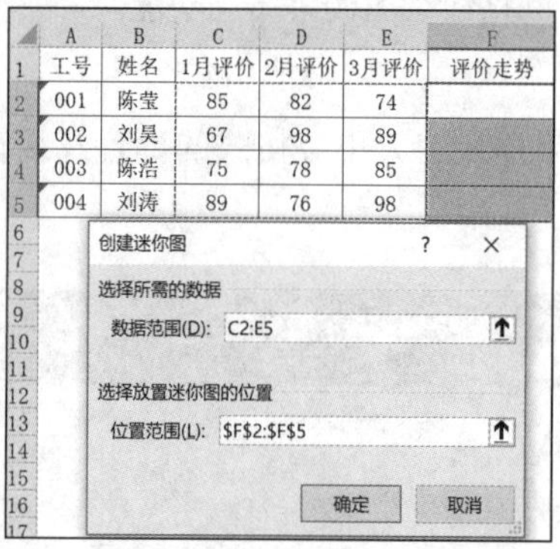

图 4-46 "创建迷你图"对话框

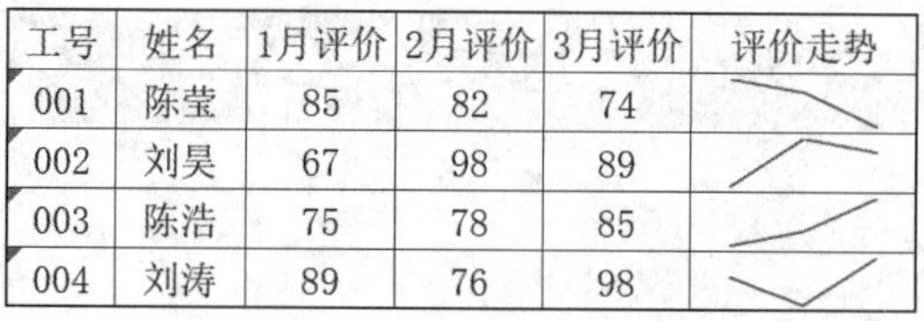

工号	姓名	1月评价	2月评价	3月评价	评价走势
001	陈莹	85	82	74	
002	刘昊	67	98	89	
003	陈浩	75	78	85	
004	刘涛	89	76	98	

图 4-47 "评价走势"迷你图

4.6 数据管理与分析

Excel 不仅具备数据计算处理能力，而且在数据管理和分析方面具有数据库功能。它提供了一整套功能强大的命令，使用这些命令可以很容易地完成数据的排序、筛选、分类汇总及创建透视表等操作。

4.6.1 数据列表

Excel 的工作表中包含相关数据的单元格区域称为数据列表，也称工作表数据库或数据清单。其数据由若干列组成，每列有一个列标题，相当于数据库的字段名称，每一列必须是同类型的数据，列相当于数据库中的字段，行相当于数据库中的记录。在工作表中数据列表与其他数据间至少留出一个空白列和一个空白行，数据列表中应该避免空白行（列）。

字段名称是数据列表操作的标记成分，Excel 根据字段名称来执行排序和查找等操作。字段名称必须遵循以下规则：可以使用 1 ~ 255 个字符，只能是文字或文字公式，不能是数字、数值公式、逻辑值，另外，只有紧邻数据上方的一行文字才可以作为字段名称，此处举一个数据列表的例子，如图 4–48 所示。

	A	B	C	D	E	F	G
1	序号	姓名	性别	基本工资	工龄工资	业绩工资	工资总计
2	1	陶畅	男	7000	500	800	¥8,300
3	2	张莹	女	5000	300	1400	¥6,700
4	3	吕骁	男	5000	300	700	¥6,000
5	4	杨琳	女	4000	100	1300	¥5,400
6	5	郁聪	男	5000	300	1600	¥6,900
7	6	徐婉	女	4200	100	1500	¥5,800
8	7	邹融	男	4500	200	900	¥5,600
9	8	玄靖	男	5500	350	1500	¥7,350
10	9	毛雅	女	6000	400	1000	¥7,400
11	10	王琪	女	4300	100	1600	¥6,000

图 4-48　数据列表示意图

4.6.2　数据排序

在统计处理中，经常会用到 Excel 对数据列表的排序功能。所谓排序，是根据某特定字段的内容来重排数据列表的记录，如果没有特殊的指定，Excel 会根据选择的“主要关键字”字段的内容按升序（从低到高）对记录进行排序。根据某一个字段来排序时，如果在该字段上有相同的记录，将保持它们的原始次序，排序字段数据为空白单元格的记录会被放在数据列表的最后。

1. 简单数据排序

简单数据排序是根据某一列的数据按单一关键字对记录进行排序。例如，在图 4–31 所示的“员工信息表”数据列表中，选中排序所依据的列（如“性别”列）中任意一个单元格，再单击“数据”选项卡 | “排序和筛选”组 | “升序”（A↓Z），则数据列表中的员工信息按“性别”升序排列，“降序”按钮（Z↓A）作用相反。

2. 多重数据排序

当依据某一列的内容对数据列表进行排序时，会遇到这一列中有相同数据的情况，为了区分他们的次序，可以进行多重排序。Excel 可以同时按多个关键字进行多重排序：主要关键字、各级次要关键字。执行多重数据排序时，当主要关键字所在列内容相同时，则根据次要关键字所在列内容进行排序，若次要关键字所在列内容也相同，则根据第 3 关键字所在列内容对数据进行排序，依此类推。

例如，将图 4–48 所示的数据列表按“性别”升序排列，“性别”相同时按“基本工资”降序排列，具体操作方法如下。

（1）选中数据列表中的任意一个单元格。

（2）单击“数据”选项卡 | “排序和筛选”组 | “排序”，参照图 4–49 进行排序设置。

（3）单击“确定”按钮完成排序，多重排序后结果如图 4–50 所示。

图 4-49　"排序"对话框　　　　　　　　　图 4-50　多重排序结果

4.6.3　数据筛选

数据筛选能够快速从数据列表中查找出满足给定条件的数据。

1. 自动筛选

如果筛选条件比较简单，并且不要求保留原数据表，可以使用自动筛选。

（1）选中数据列表中的任意一个单元格。

（2）单击"数据"选项卡 | "排序和筛选"组 | "筛选"，则数据列表的每一个字段名右侧出现一个筛选箭头，表明列表具有筛选功能，如图 4-51 所示。

（3）单击需要作为筛选条件的字段（如"业绩工资"）右侧的下拉按钮（ ▾ ），在弹出的下拉列表中选择某一确定的值、范围或条件，则筛选出符合条件的记录。

如果下拉列表中的条件不能满足要求，可以选择"数字筛选" | "自定义筛选"，打开"自定义自动筛选方式"对话框，可以根据需要对该字段自定义条件，如图 4-52 所示。

图 4-51　自动筛选　　　　　　　　　图 4-52　"自定义自动筛选方式"对话框

如果要重新显示筛选数据清单中的所有数据，只需再次单击"数据"选项卡 | "排序和筛选"组 | "筛选"，则工作表恢复到原始数据状态。

2. 高级筛选

如果筛选条件涉及多个字段的复杂条件，则可以使用高级筛选。

例如，在数据列表中筛选出基本工资大于 6 000 和小于 5 000 的男员工记录。

（1）需要在工作表中预先建立筛选条件区域，本例在 D13:E15 设定了 3 个条件："性别 = 男""基本工资 >6 000""基本工资 <5 000"。筛选条件输入在同一行表示为"与"的关系，筛选条件输入在不同行表示为"或"的关系，如图 4-53 所示。

	A	B	C	D	E	F	G
1	序号	姓名	性别	基本工资	工龄工资	业绩工资	工资总计
2	1	陶畅	男	7000	500	800	¥8,300
3	2	张莹	女	5000	300	1400	¥6,700
4	3	吕骁	男	6200	300	700	¥7,200
5	4	杨琳	女	4000	100	1300	¥5,400
6	5	郁聪	男	5000	300	1600	¥6,900
7	6	徐婉	女	4200	100	1500	¥5,800
8	7	邹融	男	4500	200	900	¥5,600
9	8	玄靖	男	5500	350	1500	¥7,350
10	9	毛雅	女	6000	400	1000	¥7,400
11	10	王琪	女	4300	100	1600	¥6,000
12							
13				性别	基本工资		
14				男	>6000		
15				男	<5000		

图 4-53　设定高级筛选条件

（2）选中数据列表中的任意一个单元格，单击"数据"选项卡 | "排序和筛选"组 | "高级"，打开"高级筛选"对话框，在"方式"选项区中选中"在原有区域显示筛选结果"（若用户需要保持原数据列表不变，可以根据需要"将筛选结果复制到其他位置"），在"条件区域"中选中指定的条件区域，此处选中 D13:E15，如图 4–54 所示。单击"确定"按钮，筛选结果如图 4–55 所示。

高级筛选

方式
- ⦿ 在原有区域显示筛选结果(F)
- ○ 将筛选结果复制到其他位置(O)

列表区域(L): $A$1:$G$11
条件区域(C): 高筛!$D$13:$E$15
复制到(T):

☐ 选择不重复的记录(R)

确定　取消

图 4-54　"高级筛选"对话框

	A	B	C	D	E	F	G
1	序号	姓名	性别	基本工资	工龄工资	业绩工资	工资总计
2	1	陶畅	男	7000	500	800	¥8,300
4	3	吕骁	男	6200	300	700	¥7,200
8	7	邹融	男	4500	200	900	¥5,600
12							
13				性别	基本工资		
14				男	>6000		
15				男	<5000		

图 4-55　高级筛选结果

若要取消高级筛选的结果，只需单击"数据"选项卡 | "排序和筛选"组 | "清除"，则工作表恢复到原始数据状态。

实训 4-11　快速核对 A、B 两列数据。
首先选中两列数据所在的单元格区域，然后按【Ctrl+\】组合键，找到数据不一致的单元格，并为其设置填充颜色，结果如图 4–56 所示。

	A	B
1	周丽霞	周丽霞
2	尹政和	尹政和
3	王明玉	王敏玉
4	柯玉富	柯玉富
5	周楚生	周出生

图 4-56　核对两列数据

实训 4-12　快速核对两表数据。
首先选中第一张表所在的单元格区域 B2:G7，单击"数据"选项卡 | "排序和筛选"组 | "高级"，将第二张表所在的单元格区域 B9:G14 设置为"条件区域"，并单击"确定"按钮。为筛选出的单元格设置填充颜色，单击"数据"选项卡 | "排序和筛选"组 | "清除"，未填充颜色的记录即为两表中不一致的记录，结果如图 4–57 所示。

	A	B	C	D	E	F	G
1							
2		姓名	职称	性别	入党时间	身份证号	本月上涨积分
3		李志霞	教授	女	1996/11/1	22540619750213	987
4		赵伟国	副教授	男	2001/7/18	25647819820130	1022
5		尹汉秀	讲师	女	2017/7/12	22343519890428	856
6		周启明	讲师	男	2016/10/5	23400919910825	924
7		谢国强	助教	男	2019/7/18	22249719970706	843
8							
9		姓名	职称	性别	入党时间	身份证号	本月上涨积分
10		赵伟国	副教授	男	2001/7/18	25647819820130	1022
11		周启明	讲师	男	2016/10/15	23400919910825	924
12		尹汉秀	讲师	女	2017/7/12	22343519890428	856
13		李志霞	副教授	女	1996/11/1	22540619750213	987
14		谢国强	助教	男	2019/7/18	22249719970706	843

图 4-57　核对两表数据

4.6.4　分类汇总

分类汇总是对数据列表按某一字段值进行分类，将同类别数据放在一起，并分别为各类数据进行统计汇总，包括求和、计数、平均值、最大值、最小值等统计运算。

1. 建立分类汇总表

例如，在图 4-48 所示的数据列表中，汇总出男员工、女员工的"基本工资"和"工资总计"的平均值。

（1）对数据列表依据"性别"字段升序排序。

（2）单击"数据"选项卡|"分级显示"组|"分类汇总"，打开"分类汇总"对话框，参照图 4-58 进行分类汇总设置。

图 4-58　"分类汇总"对话框

其中，"分类字段"下拉列表表示按该字段进行分类，本例中选择"性别"字段；"汇总方式"下拉列表给出多种统计方式，可以从中选择要执行的运算，本例中选择"平均值"；"选定汇总项"列表中显示各列字段名，用于选择需要进行汇总的字段名，本例中选择"基本工资、工资总计"。

（3）单击"确定"按钮后，分类汇总结果如图 4-59 所示。

	A	B	C	D	E	F	G
1	序号	姓名	性别	基本工资	工龄工资	业绩工资	工资总计
2	1	陶畅	男	7000	500	800	¥8,300
3	3	吕晓	男	5000	300	700	¥6,000
4	5	郁聪	男	5000	300	1600	¥6,900
5	7	邹融	男	4500	200	900	¥5,600
6	8	玄靖	男	5500	350	1500	¥7,350
7			男 平均值	5400			¥6,830
8	2	张莹	女	5000	300	1400	¥6,700
9	4	杨琳	女	4000	100	1300	¥5,400
10	6	徐婉	女	4200	100	1500	¥5,800
11	9	毛雅	女	6000	400	1000	¥7,400
12	10	王琪	女	4300	100	1600	¥6,000
13			女 平均值	4700			¥6,260
14			总计平均值	5050			¥6,545

图 4-59　"分类汇总"结果

在"分类汇总"对话框下方 3 个复选框的功能如下：

- 替换当前分类汇总：替换任何现存的分类汇总。
- 每组数据分页：将在每组之前进行分页。
- 汇总结果显示在数据下方：在数据组末尾显示分类汇总结果。

2. 分级显示分类汇总表

生成的分类汇总表将采用分级方式显示，在工作表窗口的左侧会出现分级显示区。分级显示区上方有"1、2、3"三个级别按钮，分别代表 3 种不同的级别：单击"1"按钮，只显示数据列表中的字段名称和总计结果；单击"2"按钮，显示字段名称、各个分类的汇总结果和总计结果；单击"3"按钮，显示所有的数据。

3. 删除分类汇总表

若要删除分类汇总的效果，只需在"分类汇总"对话框中单击"全部删除"按钮，则工作表恢复到原始数据状态。

4.6.5　数据透视表

数据透视表是一种交互式的表，它能从一个数据列表的特定字段中概括出信息，可以全方位、多角度地交叉分析列表中的数据。

例如，以图 4-60 所示的"加班记录表"数据列表为数据源，建立数据透视表，显示营销部中级职称人员的加班小时数。

（1）选中数据列表中的任意一个单元格，单击"插入"选项卡 | "表格"组 | "数据透视表"，打开"创建数据透视表"对话框，参照图 4-60 为数据透视表选择正确的数据源及放置透视表的位置，单击"确定"按钮后数据透视表框架出现在 A27 开始的区域，选择框架内任意一个单元格，将在窗口右侧出现"数据透视表字段"窗格，如图 4-61 所示。

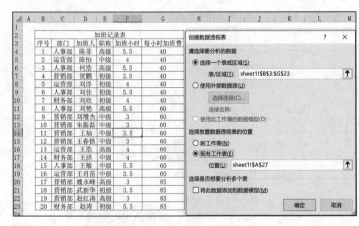

图 4-60　创建数据透视表

图 4-61　数据透视表框架和字段窗格

（2）"数据透视表字段"列出了数据区域中所有的字段名，用户按需求将适当的字段拖入报表项目。例如，将"部门"拖至"筛选"，"加班人"拖至"行"，"职称"拖至"列"，"加班小时数"拖至"值"，生成数据透视表，结果如图 4-62 所示。

（3）最后在数据透视表中将“部门”选定为“营销部”，“职称”选定为“中级”，完成数据透视表的制作，结果如图 4–63 所示。

	A	B	C	D	E
25	部门	(全部)			
26					
27	求和项:加班小时	列标签			
28	行标签	初级	高级	中级	总计
29	陈菲		5.5		5.5
30	陈怡			4	4
31	何浩		5.5		5.5
32	贺鹏	3.5			3.5
33	刘浮	4			4
34	刘佳	5.5			5.5
35	刘欣	4			4
36	刘艳		5.5		5.5
37	刘增杰			3	3
38	宋振磊			3	3
39	王灿			3.5	3.5
40	王春铁			3	3
41	王浩		4		4
42	王洪			4	4
43	王敏			5.5	5.5
44	王肖苗			3.5	3.5
45	魏永峰		3		3
46	武新华	3.5			3.5
47	赵红涛		3		3
48	赵涛	5.5			5.5
49	总计	26	26.5	29.5	82

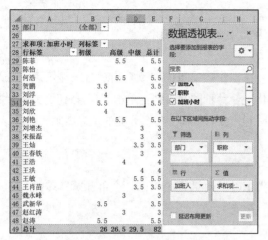

图 4-62　选择需要添加到数据透视表的字段

	A	B	C
25	部门	营销部	
26			
27	求和项:加班小时	列标签	
28	行标签	中级	总计
29	刘增杰	3	3
30	宋振磊	3	3
31	王灿	3.5	3.5
32	王春铁	3	3
33	总计	12.5	12.5

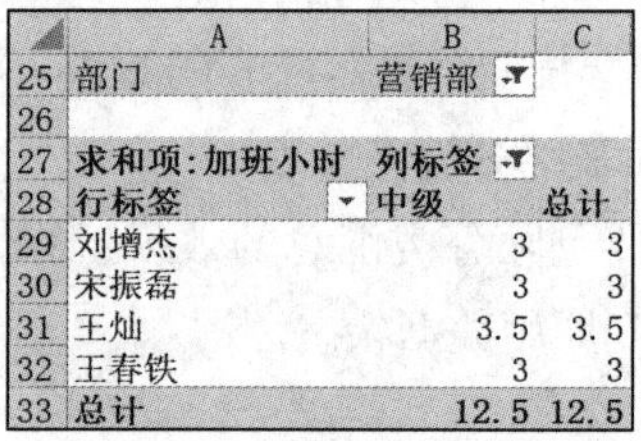

图 4-63　数据透视表筛选结果

4.6.6　数据透视图

数据透视图是数据透视表与普通图表的结合，是能够进行动态筛选与汇总的交互式图表，增强了数据的可视化，便于查看、比较和预测趋势，帮助用户做出关键数据的决策。创建数据透视图后，可以像普通图表一样进行布局设计和格式设置。

实训 4–13　制作员工加班数据透视图。

选中数据列表中的任意一个单元格，单击“插入”选项卡 | “图表”组 | “数据透视图” | “数据透视图”，后续的制作过程与数据透视表相类似，可以参照 4.6.5 节制作数据透视图，如图 4–64 所示。最后筛选出营销部中级职称人员加班小时数，结果如图 4–65 所示。

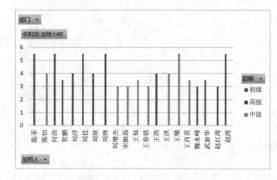

图 4-64　数据透视图

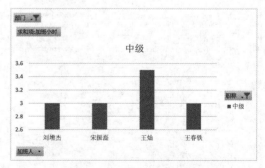

图 4-65　数据透视图筛选结果

4.6.7　切片器

切片器是一种可视化的实现方式，它可以与数据透视表链接，或者与其他数据查询链接，让数据分析呈现得更直观，使用更方便。

　　选中数据透视表（数据透视图），单击"数据透视表工具"（"数据透视图工具"）|"分析"选项卡|"筛选"组|"插入切片器"，打开"插入切片器"对话框，选择"部门"字段，如图 4-66 所示。在形成的切片器中将"部门"选定为"营销部"，结果如图 4-67 所示。

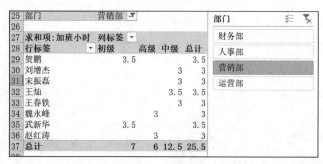

图 4-66　"插入切片器"对话框　　　　　　　　　　图 4-67　切片器

4.7　工作表的打印

　　工作表在打印之前需要做一些必要的设置，如设置页面（纸张大小、方向等）、设置页边距、添加页眉和页脚等。这些项目的设置方法与 Word 相似，在此不再复述。

　　除此以外还需要设置一些与工作表本身有关的选项，单击"文件"选项卡|"打印"命令|"页面设置"，打开"页面设置"对话框，其中包含"页面""页边距""页眉 / 页脚"和"工作表"4 个选项卡。

　　切换到"工作表"选项卡，其中部分选项功能如下，如图 4-68 所示。

　　（1）打印区域：可以使用编辑框右侧折叠对话框按钮，或者直接输入引用区域地址及区域名称来确定打印区域。不输入内容则为全表打印。

　　（2）打印标题：选中或直接输入每页的"顶端标题行"和"从左侧重复的列数"来设置工作表的打印标题。

　　（3）"打印"区域各复选框功能如下：

- 网格线：是否打印网格线。
- 单色打印：只进行黑白处理。
- 草稿质量：加快打印速度，不打印网格线和大多数图表。
- 行和列标题：打印的表上标出行号和列标。
- 注释：打印单元格注释，可以根据需要选择。
- 错误单元格打印为：规定出错单元格的打印方式。

　　（4）打印顺序：对超出一页的工作表规定打印顺序。

图 4-68　"页面设置"对话框"工作表"选项卡

实训 4-14　要求带标题行打印 4 号、5 号两位员工的记录。

单击"文件"选项卡 | "打印"命令 | "页面设置",打开"页面设置"对话框,切换到"工作表"选项卡,参照图 4-69 将打印区域设置为 7、8 两行,将顶端标题行设置为第 3 行,打印预览无误即可打印。

图 4-69　"打印区域"和"顶端标题行"的设置

案例 1 | Excel 的基本操作

案例描述

本案例要求在 Sheet1 工作表中输入各种类型的数据,并进行单元格格式的设置,制作"学习强国本月学习情况"表,结果参照图 4-70。

视频

Excel的基本操作

序号	姓名	职称	性别	入党时间	身份证号	本月上涨积分
				学习强国本月学习情况		
1	李志霞	教授	女	1996年11月1日	22540619750213	987分
2	赵伟国	副教授	男	2001年7月18日	25647819820130	1022分
3	尹汉秀	讲师	女	2017年7月12日	22343519890428	856分
4	周启明	讲师	男	2016年10月5日	23400919910825	924分
5	谢国强	助教	男	2019年7月18日	22249719970706	843分

图 4-70　案例 1 样文

具体要求如下：

（1）打开工作簿后，删除工作表 Sheet2 和 Sheet3。

（2）将 Sheet1 工作表重命名为"学习强国"。

（3）将标题单元格"学习强国本月学习情况"合并后居中显示。

（4）参照样文输入数据，其中"序号"使用填充柄填充，"性别"使用数据验证输入，以"文本"格式输入第一位党员的"身份证号"。

（5）在当前工作表的最左侧插入一列，最上方插入一行。

（6）将"2""3"两行行高设置为 25，"4"至"8"行行高适当同幅度增加；"B"至"H"列设置为"自动调整列宽"。

（7）将 B2 单元格的字体设置为黑体，字号为 16 号，字体颜色为深红；将单元格区域 B3:H3 的字体设置为黑体，填充颜色为主题颜色中的"红色，个性色 2，淡色 80%"。

（8）将"学习强国本月学习情况"表中所有单元格的"水平对齐"方式和"垂直对齐"方式均设置为居中。

（9）将"入党时间"一列的数字格式设置为"*2012 年 3 月 14 日"格式；"本月上涨积分"一列的数字格式设置为自定义格式，积分数值后单位为"分"。

（10）参照样文设置表格边框。

（11）对数据表进行条件格式设置，将"本月上涨积分"大于 1 000 分的单元格图案颜色设置为红色，图案样式设置为"12.5% 灰色"。

（12）对"案例 1"工作簿进行保存。

操作提示

（1）打开"案例 1"工作簿，选中 Sheet2 和 Sheet3 两张工作表标签后，在工作表标签上右击，在弹出的快捷菜单中选择"删除"选项。

（2）在 Sheet1 工作表标签上右击，在弹出的快捷菜单中选择"重命名"选项，将 Sheet1 重命名为"学习强国"，按【Enter】键确定。

（3）选中单元格区域 A1:G1，单击"开始"选项卡 | "对齐方式"组 | "合并后居中"（ 合并后居中 ），在合并的单元格中输入标题内容。

（4）参照样文输入数据，具体操作方法如下：

① "序号"使用填充柄输入，在 A3 单元格中输入序号"1"，选中 A3 单元格，拖动其右下角的填充柄（ ）至 A7 单元格，单击右下角"自动填充选项"按钮（ ），选择"填充序列"选项。

② "性别"使用数据验证输入，选中单元格区域 D3:D7，单击"数据"选项卡 | "数据工具"组 | "数据验证"，规定只允许输入"序列"，序列的"来源"设置为"男,女"（逗号为英文状态），确定后该区域的单元格可以通过下拉列表选择输入性别。

③ "身份证号"作为文本型数据输入，输入时需在数字字符串前加英文单引号，或者将 F3 单元格的数字格式设置为"文本"型，再输入数字。

（5）在列标"A"上右击，"插入"一列；在行号"1"上右击，"插入"一行。

（6）选中"2""3"两行，在行号上右击，将"行高"设置为25；选中"4"至"8"行，调节其中一行的行高，被选中的其他各行将同幅度增高；选中"B"至"H"列，单击"开始"选项卡|"单元格"组|"格式"|"自动调整列宽"。

（7）选中需要设置格式的单元格或单元格区域，在"开始"选项卡"字体"组中，使用"字体""字号""字体颜色"按钮和"填充颜色"按钮（ ）进行设置。

（8）选中"学习强国本月学习情况"表中所有的单元格，单击"开始"选项卡|"单元格"组|"格式"|"设置单元格格式"，打开"设置单元格格式"对话框，在"对齐"选项卡中将单元格的"水平对齐"方式和"垂直对齐"方式均设置为居中。

（9）选中单元格区域F4:F8，在"设置单元格格式"对话框的"数字"选项卡中，将数字格式"分类"设置为"日期"，类型为"*2012年3月14日"；选中单元格区域H4:H8，数字格式分类设置为"自定义"，"类型"为"G/通用格式分"。

（10）选中单元格区域B3:H8，在"设置单元格格式"对话框的"边框"选项卡中，将该区域的内部框线设置为细实线，上框线和下框线设置为双实线；选中B2单元格，将其下框线设置为双实线。

（11）选中单元格区域H4:H8，单击"开始"选项卡|"样式"组|"条件格式"|"突出显示单元格规则"|"大于"，将数值大于1000的单元格设置为"自定义格式"，在打开的"设置单元格格式"对话框中切换到"填充"选项卡，将图案颜色设置为"红色"，图案样式设置为"12.5%灰色"。

（12）单击快速访问工具栏中的"保存"按钮（ ）对工作簿进行保存。

•••• 视频 •••••

公式与函数

案例 2 ｜ 公式与函数

案例描述

本案例要求根据已有的评委打分情况，使用公式与函数计算出表格中所有需统计的项目，结果参照图4-71和图4-72。

排名	姓名	评委1	评委2	评委3	评委4	评委5	总分	最高分	最低分	平均分	总评
				"不失青春，不负韶华"演讲比赛复赛							
4	李晶莹	91	88	87	92	88	446	92	87	89	待定
3	张佳琪	90	92	93	94	90	459	94	90	91.7	晋级
5	马云飞	87	85	82	88	86	428	88	82	86	待定
7	孟丽莎	74	78	81	73	80	386	81	73	77.3	未晋级
2	汪宏伟	93	94	92	96	91	466	96	91	93	晋级
10	王航洋	75	71	70	77	72	365	77	70	72.7	未晋级
6	赵志刚	85	82	81	83	82	413	85	81	82.3	待定
8	陈毓婷	73	75	78	76	70	372	78	70	74.7	未晋级
1	董国强	96	93	94	93	92	468	96	92	93.3	晋级
8	郑秋娜	80	76	72	75	73	376	80	72	74.7	未晋级

图4-71 案例2样文a

比赛总人数：		10
平均分高于80分的人数：		6
"晋级"人数占总人数比例：		30%
加分项目表		
晋级选手	平均分	加分	加分合计
董国强	项目1	0.7	1.7
	项目2	0.2	
	项目4	0.8	
汪宏伟	项目2	0.4	1.2
	项目3	0.8	
张佳琪	项目4	0.9	0.9
李晶莹	项目1	0.9	1.5
	项目3	0.6	

图4-72 案例2样文b

具体要求如下：

（1）使用组合键统计出每位选手的总分。

（2）使用自动求和功能为每位选手统计出评委所给的最高分和最低分。

（3）使用公式去掉一个最高分，去掉一个最低分，再求平均分，并使用函数对结果进行四舍五入，保留一位小数。

（4）使用函数判断出每位选手的总评情况（如果平均分大于或等于90，总评为"晋级"；如果平均分小于80，总评为"未晋级"；否则为"待定"）。

（5）使用函数统计出每位选手的排名（以平均分为根据进行排名）。

（6）使用自动求和功能统计出本次比赛的总人数。

（7）使用函数统计出平均分高于80分的人数。

（8）使用公式和函数统计出"晋级人数占总人数比例"。

（9）完成"加分合计"列的4个大小不同的单元格的快速求和。

（10）对"案例2"工作簿进行保存。

操作提示

（1）打开"案例2"工作簿，选中单元格区域 D4:I13，按【Alt+=】组合键，即可计算出所有选手的总分。

（2）选中 J4 单元格，在自动求和（Σ▾）下拉列表中选择"最大值"，选中正确的统计区域 D4:H4，按【Enter】键确定；同理可以选择"最小值"求出最低分。

（3）选中 L4 单元格，单击编辑栏中的插入函数按钮（fx），打开"插入函数"对话框。在"数学与三角函数"或"全部"类别中选择"ROUND"函数并单击"确定"按钮，打开"函数参数"对话框，参照图 4–73 填写函数参数并单击"确定"按钮。

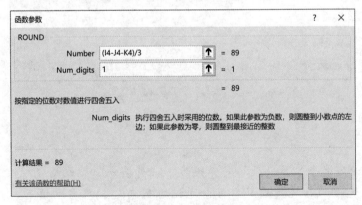

图 4-73　ROUND"函数参数"对话框

（4）选中 M4 单元格，单击编辑栏中的插入函数按钮（fx），打开"插入函数"对话框。在"常用函数"类别中选择"IF"函数并单击"确定"按钮，打开"函数参数"对话框，参照图 4–74 填写函数参数并单击"确定"按钮。

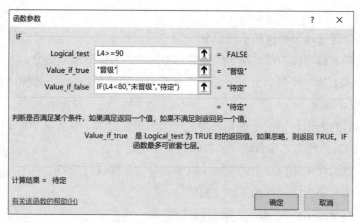

图 4-74　IF"函数参数"对话框

（5）选中 B4 单元格，单击编辑栏中的插入函数按钮（ *fx* ），打开"插入函数"对话框。在"全部"类别中选择"RANK"函数并单击"确定"按钮，打开"函数参数"对话框，参照图 4-75 填写函数参数并单击"确定"按钮。

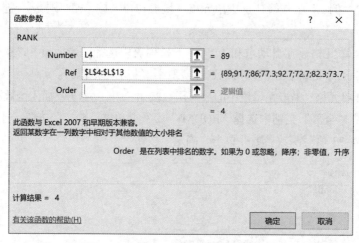

图 4-75　RANK"函数参数"对话框

> ！提示：
>
> 计算出第一名选手"李晶莹"的"排名""平均分""最高分""最低分""总评"后，其他选手的各统计项目都可以通过填充柄(▃)来自动填充，并在"自动填充选项"(▣▾)的下拉列表中选择"不带格式填充"选项，以确保表格下边框不会被改变。

（6）切换到 Sheet2 工作表，选中 E2 单元格，在自动求和（Σ▾）下拉列表中选择"计数"，切换到 Sheet1 工作表中选中单元格区域 L4:L13，按【Enter】键确定。

> **提示：**
>
> 　　COUNT函数只对数值型数据进行计数，因此，其"Value"参数应该选择数值型数据区域，而不能选择"姓名"之类的非数值型数据区域；本题也可以使用COUNTA函数进行计算，与COUNT函数不同的是，该函数对各种类型数据均可以进行计数，其"Value"参数的选择不受限制。

（7）选中 E3 单元格，单击编辑栏中的插入函数按钮（ *fx* ），打开"插入函数"对话框。在"统计"类别中选择"COUNTIF"函数并单击"确定"按钮，打开"函数参数"对话框，参照图 4-76 填写函数参数并单击"确定"按钮。

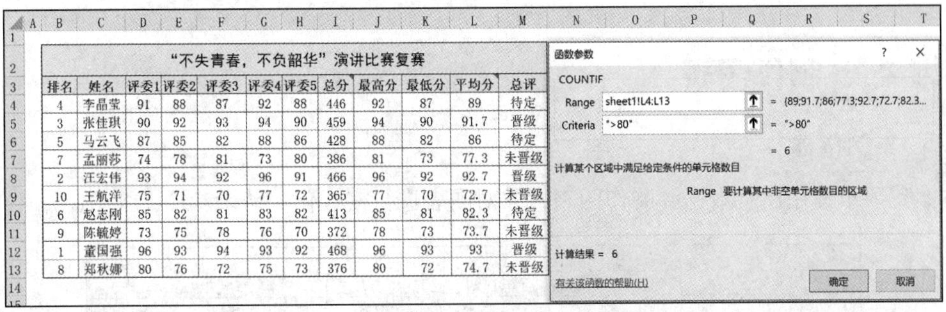

图 4-76　COUNTIF "函数参数"对话框

（8）选中 E4 单元格，选用"COUNTIF"函数，参照图 4-77 填写函数参数，单击"确定"按钮后在编辑栏中继续编辑，参照图 4-78 完成公式和函数的编辑，按【Enter】键确定。

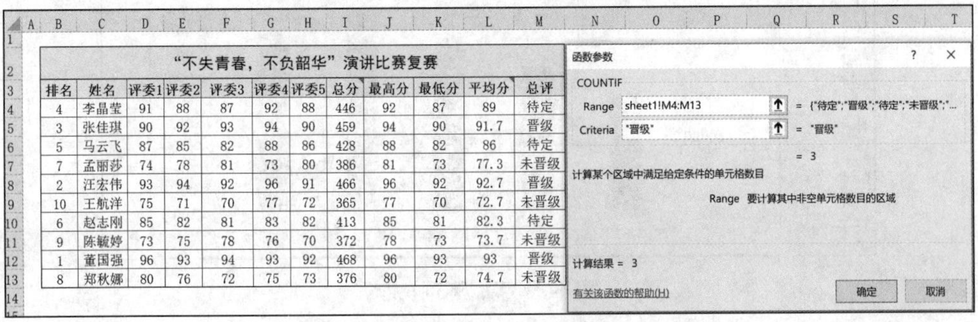

图 4-77　COUNTIF "函数参数"对话框

fx　=COUNTIF(sheet1!M4:M13,"晋级")/COUNT(sheet1!L4:L13)

图 4-78　编辑栏内容

（9）从上向下选中"加分合计"列的 4 个大小不同的单元格，E8 为活动单元格，在编辑栏中参照图 4-79 完成公式和函数的编辑，按【Ctrl+Enter】组合键。

（10）单击快速访问工具栏中的"保存"按钮（💾）对工作簿进行保存。

大学计算机基础案例教程

> ⚠ 提示:
>
> 本题不能使用填充柄自动填充的方法来完成快速求和,由于4个求和的单元格大小不相同,使用填充柄填充时会弹出提示框,如图4-80所示。

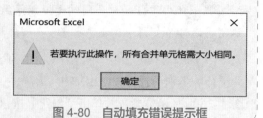

| fx | =SUM(D8:D15)-SUM(E9:E15) |

图 4-79 编辑栏内容

图 4-80 自动填充错误提示框

案例 3 | 制作图表

案例描述

本案例要求使用已有数据源制作图表,并对图表进行格式化,结果参照图 4-81。

 视频

制作图表

图 4-81 案例 3 样文

具体要求如下:

(1)在"案例3"工作簿中,使用 Sheet1 工作表中的数据,在当前工作表中制作"2016—2020 第 1 季度第三产业增长状况"图表。

(2)参照样文对图表进行格式化。

① 参照样文设置图表标题和坐标轴标题。

② 删除图表的网格线。

③ 将图例置于顶部。

④ 将折线图的数据标签置于"上方"。

⑤ 设置主要纵坐标轴"最小值"为"60 000","最大值"为"120 000","大单位"为"10 000"。

⑥ 设置图表区边框为"圆角"，边框颜色为蓝色。

（3）对"案例 3"工作簿进行保存。

操作提示

（1）打开"案例 3"工作簿，选中 Sheet1 工作表中的单元格区域 A1:F3，单击"插入"选项卡 |"图表"组 |"插入组合图" |"创建自定义组合图"，打开"插入图表"对话框，将"第三产业增加值"的图表类型设置为"簇状柱形图"，"同比增长率"的图表类型设置为"带数据标记的折线图"，并将"同比增长率"设置为"次坐标轴"，如图 4-82 所示，单击"确定"按钮生成图表雏形。

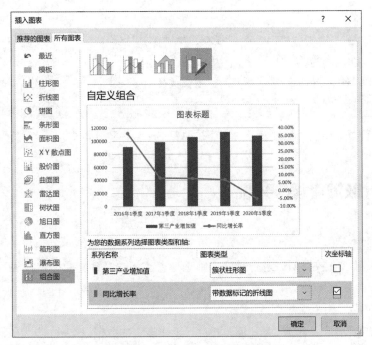

图 4-82　自定义组合图表设置

（2）选中图表雏形，对图表进行格式化，具体操作方法如下：

① 单击"图表工具 | 设计"选项卡 |"添加图表元素"，弹出下拉菜单，如图 4-83 所示。使用下拉菜单中的项目，参照图 4-81 设置图表标题、坐标轴标题、网格线、图例、数据标签。

② 双击图表左侧主要纵坐标轴刻度，打开"设置坐标轴格式"窗格，在"坐标轴选项"中设置"最小值"为"60 000"，"最大值"为"120 000"，"大单位"为"10 000"，如图 4-84 所示；双击图表区，打开"设置图表区格式"窗格，在"图表选项"中将"边框"颜色设置为蓝色，勾选"圆角"复选项。（提示：在图表各个组成部分上双击鼠标，就可以在弹出的设置格式窗格中对图表各个组成部分进行个性化设置。）

（3）单击快速访问工具栏中的"保存"按钮（🖫），对工作簿进行保存。

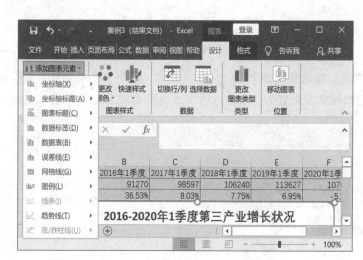

图 4-83　"添加图表元素"下拉列表　　　　图 4-84　"设置坐标轴格式"窗格

案例 4　数据管理与分析

案例描述

本案例要求对已有数据列表进行排序、筛选、分类汇总及建立数据透视表等操作，完成对数据的管理与分析。

具体要求如下：

（1）打开"案例4"工作簿，对"简单排序"工作表中的数据以"序号"为关键字进行升序排序，结果如图 4-85 所示。

视频

数据管理与
分析

	A	B	C	D	E	F	G
1	某慈善总会疫情防控捐款部分数据						
2	序号	日期	单位	捐赠方	捐款方式	金额	使用情况
3	1	2月3日	个人	尹馨悦小朋友	微信公众号	10.00	定向捐款武汉
4	2	2月3日	个人	蒋一凡	官方平台	200.00	定向捐款武汉
5	3	2月3日	企业	某药业有限公司	转账	600,000.00	捐赠至市防控领导小组
6	4	2月3日	企业	某教育培训机构	物资	28,294.14	捐赠至市防控领导小组
7	5	2月3日	个人	张一宁	官方平台	500.00	已拨付至第一医院
8	6	2月3日	个人	张爱香	官方平台	200.00	已拨付至第一医院
9	7	2月3日	企业	某保险公司	物资	3,006,527.00	已拨付至第一医院
10	8	2月3日	企业	某股份制银行	官方平台	1,000,000.00	已拨付至第一医院
11	9	2月3日	企业	某会计师事务所	转账	300,000.00	用于基层抗疫人员采购口罩
12	10	2月3日	企业	某网络媒体公司	转账	500,000.00	捐赠至市防控领导小组
13	11	2月4日	个人	唐雪莹同学	微信公众号	10.00	已拨付至第一医院
14	12	2月4日	个人	耿艳同学	微信公众号	20.00	定向捐款武汉
15	13	2月4日	企业	某房地产公司	转账	4,000,000.00	定向捐款武汉
16	14	2月4日	企业	某健康产业公司	转账	2,500,000.00	定向捐款武汉
17	15	2月4日	个人	爱心人士	微信公众号	600.00	立即统筹使用
18	16	2月4日	个人	孙美娜同学	微信公众号	50.00	立即统筹使用
19	17	2月4日	个人	盖文慧	微信公众号	1,000.00	立即统筹使用
20	18	2月4日	企业	某经贸联合会	物资	596,092.00	立即统筹使用
21	19	2月4日	企业	某资产评估公司	物资	863,775.00	立即统筹使用

图 4-85　案例 4 "简单排序"样文

（2）对"复杂排序"工作表中的数据以"捐款方式"为主要关键字，"金额"为次要关键字进行降序排序，结果如图 4-86 所示。

	A	B	C	D	E	F	G
1					某慈善总会疫情防控捐款部分数据		
2	序号	日期	单位	捐赠方	捐款方式	金额	使用情况
3	13	2月4日	企业	某房地产公司	转账	4,000,000.00	定向捐款武汉
4	14	2月3日	企业	某健康产业公司	转账	2,500,000.00	定向捐款武汉
5	3	2月3日	企业	某药业有限公司	转账	600,000.00	捐赠至市防控领导小组
6	10	2月3日	企业	某网络媒体公司	转账	500,000.00	捐赠至市防控领导小组
7	9	2月3日	企业	某会计师事务所	转账	300,000.00	用于基层抗疫人员采购口罩
8	7	2月3日	企业	某保险公司	物资	3,006,527.00	已拨付至第一医院
9	19	2月4日	企业	某资产评估公司	物资	863,775.00	立即统筹使用
10	18	2月4日	企业	某经贸联合会	物资	596,092.00	立即统筹使用
11	4	2月3日	企业	某教育培训机构	物资	28,294.14	捐赠至市防控领导小组
12	17	2月4日	个人	盖文慧	微信公众号	1,000.00	立即统筹使用
13	15	2月4日	个人	爱心人士	微信公众号	600.00	立即统筹使用
14	16	2月4日	个人	孙美娜同学	微信公众号	50.00	立即统筹使用
15	12	2月4日	个人	耿艳同学	微信公众号	20.00	定向捐款武汉
16	1	2月3日	个人	尹馨悦小朋友	微信公众号	10.00	定向捐款武汉
17	11	2月4日	个人	唐雪莹同学	微信公众号	10.00	已拨付至第一医院
18	8	2月3日	企业	某股份制银行	官方平台	1,000,000.00	已拨付至第一医院
19	5	2月3日	个人	张一宁	官方平台	500.00	已拨付至第一医院
20	2	2月3日	个人	蒋一凡	官方平台	200.00	定向捐款武汉
21	6	2月3日	个人	张爱香	官方平台	200.00	已拨付至第一医院

图 4-86 案例 4 "复杂排序"样文

（3）在"筛选"工作表的数据中，筛选出"日期"为"2月3日"，"使用情况"为"定向捐款武汉"的记录，结果如图 4-87 所示。

	A	B	C	D	E	F	G
1				某慈善总会疫情防控捐款情况部分数据			
2	序	日其	单	捐赠方	捐款方式	金额	使用情况
5	1	2月3日	个人	尹馨悦小朋友	微信公众号	10.00	定向捐款武汉
6	2	2月3日	个人	蒋一凡	官方平台	200.00	定向捐款武汉
13	14	2月3日	企业	某健康产业公司	转账	2,500,000.00	定向捐款武汉

图 4-87 案例 4 "筛选"样文

（4）在"高级筛选"工作表的数据中，高级筛选出"捐款方式"为"物资"，"使用情况"为"立即统筹使用"，"金额"大于 500 000 的记录，筛选结果放置于 A23 单元格开始的区域中，结果如图 4-88 所示。

23	序号	日期	单位	捐赠方	捐款方式	金额	使用情况
24	18	2月4日	企业	某经贸联合会	物资	596,092.00	立即统筹使用
25	19	2月4日	企业	某资产评估公司	物资	863,775.00	立即统筹使用

图 4-88 案例 4 "高级筛选"样文

（5）在"分类汇总"工作表的数据中，汇总出各种捐款方式金额的总和，结果如图 4-89 所示。

（6）使用"数据透视表"工作表中的数据，以"单位"为筛选，以"捐赠方"为行标签，以"捐赠方式"为列标签，以"金额"为求和项，在该工作表的 A25 单元格开始的区域建立数据透视表，并显示企业以转账方式捐赠的总金额，结果如图 4-90 所示。

（7）对"案例 4"工作簿进行保存。

图 4-89　案例 4 "分类汇总"样文　　　　　图 4-90　案例 4 "数据透视表"样文

操作提示

（1）打开"案例 4"工作簿，在"简单排序"工作表中，选中"序号"列中任意的一个单元格，单击"数据"选项卡｜"排序和筛选"组｜"升序"按钮（ ）。

（2）在"复杂排序"工作表中，选中数据列表中任意的一个单元格，单击"数据"选项卡｜"排序和筛选"组｜"排序"，打开"排序"对话框，"主要关键字"选择"捐款方式"，"次要关键字"选择"金额"，均选择"降序"排序并单击"确定"按钮。

（3）在"筛选"工作表中，选中数据列表中任意的一个单元格，单击"数据"选项卡｜"排序和筛选"组｜"筛选"，每一个字段名右侧出现一个下拉按钮（ ），在"日期"字段下拉列表中选择"2 月 3 日"并单击"确定"按钮，在"使用情况"字段下拉列表中选择"定向捐款武汉"并单击"确定"按钮。

（4）在"高级筛选"工作表中，首先参照图 4-91 在某一空白区域建立条件区域；然后选中数据列表中任意的一个单元格，单击"数据"选项卡｜"排序和筛选"组｜"高级"，在打开的"高级筛选"对话框中选择筛选方式为"将筛选结果复制到其他位置"，将"条件区域"设置为"I2:K3"，将筛选结果"复制到"A23 单元格并单击"确定"按钮。

图 4-91　高级筛选条件区域及筛选结果

（5）在"分类汇总"工作表中，首先按照分类字段"捐款方式"对数据进行降序排序；然后单击"数据"选项卡 | "分级显示"组 | "分类汇总"，在打开的"分类汇总"对话框中参照图 4-92 进行设置并单击"确定"按钮。

（6）在"数据透视表"工作表中完成数据透视表的制作，具体操作方法如下：

① 选中数据列表中任意一个单元格，单击"插入"选项卡 | "表格"组 | "数据透视表"，按照向导的提示将数据透视表的框架建立在当前工作表 A25 单元格开始的区域中。

② 将"数据透视表字段列表"中的"单位"拖至"筛选"，"捐款方"拖至"行"，"捐款方式"拖至"列"，"金额"拖至"值"，如图 4-93 所示。

③ 将"单位"选定为"企业"，将"捐赠方式"选定为"转账"，如图 4-93 所示。

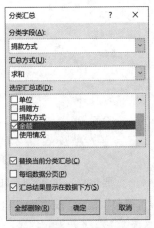

图 4-92　"分类汇总"对话框

图 4-93　数据透视表

（7）单击快速访问工具栏中的"保存"按钮（🖫）对工作簿进行保存。

扫码练习

第4章习题

第5章

PowerPoint 2016
演示文稿软件

学习目标

- 熟悉演示文稿的工作界面。
- 熟悉演示文稿的外观设计方法。
- 掌握演示文稿的基本制作方法。
- 掌握演示文稿的动画与交互设置。
- 熟悉演示文稿的放映与输出方式。

Microsoft PowerPoint 是 Microsoft Office 系列办公软件中的一个重要组件,能够制作集文字、图形、图片、声音及视频等多种媒体形式于一体的演示文稿,被广泛应用于会议报告、学术交流、产品介绍、论文答辩及多媒体课堂教学等方面。

5.1 初识 PowerPoint 2016

5.1.1 认识 PowerPoint 2016 工作界面

Office 2016 充分利用 Windows 10 平台所提供的云端服务,其多媒体多平台的信息共享与编辑功能读者可以参照本书第 3 章。

1. PowerPoint 2016 窗口的组成

PowerPoint 2016 窗口外观与 Word、Excel 等软件相似,除标题栏、快速访问工具栏、选项卡、功能区、状态栏外,还包含幻灯片窗格、幻灯片预览窗格、备注窗格等部分,如图 5-1 所示。其中标题栏、快速访问工具栏、选项卡、功能区、状态栏的功能和使用方法与 Word 相似,具体内容参照本书第 3 章。

1)幻灯片窗格

幻灯片窗格是编辑演示文稿的区域,可以对当前显示在演示文稿窗口中的幻灯片进行编辑,虚线边框标识为占位符,可以在其中输入文本,或者插入图片、图表等其他对象。

2)幻灯片预览窗格

幻灯片预览窗格显示演示文稿中所有幻灯片缩略图的预览。在幻灯片预览窗格中可以对幻灯片进行上下拖动，重新排列幻灯片的顺序，还可以进行新建、复制、删除幻灯片等操作。在幻灯片预览窗格中，如果幻灯片编号下方有"播放动画"按钮（★），单击此按钮可以观看当前幻灯片的动画效果。

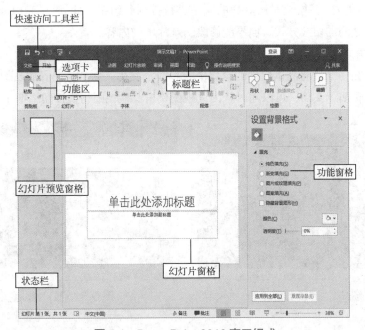

图 5-1   PowerPoint 2016 窗口组成

2. PowerPoint 2016 视图方式

PowerPoint 为用户提供了演示文稿视图（包含普通视图、大纲视图、幻灯片浏览、备注页、阅读视图）和母版视图（包含幻灯片母版、讲义母版和备注母版）。每种视图方式都有各自的功能和特点，用户可以在"视图"选项卡中，根据实际情况来切换不同的视图方式。

1）普通视图

普通视图是 PowerPoint 默认的视图方式，幻灯片的制作和编辑就在此视图方式下进行，如图 5-2 所示。在普通视图下，演示文稿窗口由幻灯片预览窗格和幻灯片窗格组成。用户可以通过拖动窗格边框来调整各窗格的大小比例。

图 5-2   普通视图

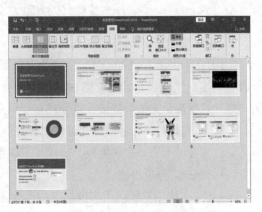

图 5-3   幻灯片浏览视图

2）幻灯片浏览视图

幻灯片浏览视图是以缩略图的形式、按顺序显示演示文稿中的所有幻灯片，如图 5-3 所示。在此视图方式下，用户可以方便地查看演示文稿的背景样式和配色方案等整体效果，还可以按不同的类别或节的方式轻松地对幻灯片的顺序进行排列和组织。此外，幻灯片浏览视图也可以用于编辑幻灯片之间的切换方式，但不能修改幻灯片中的内容。

3）阅读视图

阅读视图是在一个设有简单控件的窗口中查看演示文稿，而不是全屏放映幻灯片，如图 5-4 所示。如果要编辑演示文稿，可以随时从阅读视图单击其他视图切换按钮，退出阅读状态。

图 5-4　阅读视图

图 5-5　幻灯片母版视图

4）母版视图

母版视图包含幻灯片母版、讲义母版和备注母版，幻灯片母版视图如图 5-5 所示。母版存储有关演示文稿的通用信息，其中包含背景、颜色、字体、效果、占位符大小和位置等。使用母版视图的主要优点是：在母版中修改样式，可以对与演示文稿中相关联的每张幻灯片、备注页或讲义的样式进行全局更改。

实训 5-1　在状态栏中快速切换演示文稿的视图，更改幻灯片显示大小。

单击状态栏中"普通视图"按钮（▣）、"幻灯片浏览"视图按钮（🆒）、"阅读视图"按钮（▥）快速切换这几种常用视图；拖动缩放滑块，调整幻灯片的显示大小；单击自动缩放按钮（⛶）则按当前窗口自动调整幻灯片大小。

5.1.2　PowerPoint 2016 的基本操作

1. 创建演示文稿

（1）在启动 PowerPoint 时，会自动出现新建、打开演示文稿的欢迎界面，如图 5-6 所示。单击右侧演示文稿模板，创建空白演示文稿或其他基于软件主题模板的演示文稿，或者单击左侧"打开其他演示文稿"链接，打开现有演示文稿。

（2）在幻灯片工作界面中，选择"文件"选项卡 | "新建"命令，可以创建一个新的空白演示文稿，或者单击某一主题模板，创建基于该主题模板的演示文稿，如图 5-7 所示。

（3）根据主题模板创建

PowerPoint 为用户提供了多种精美的设计主题模板，除列表中的主题模板外，还可以通过搜索栏搜索联机的其他主题模板。这些主题模板预先定义好了演示文稿的样式和风格，包含幻灯片的背景图案、色彩搭配、文字格式等，可以帮助用户快速建立自己的演示文稿。

图 5-6　新建、打开演示文稿欢迎界面

图 5-7　新建演示文稿

（4）创建新的空白演示文稿

按【Ctrl+N】组合键，创建空白演示文稿后，用户只需为每张幻灯片选择一个合适的版式，幻灯片的背景、颜色、字体和效果等用户可以自行设置。

2. 打开演示文稿

打开演示文稿的常用方法有以下 3 种。

（1）选择"文件"选项卡｜"打开"命令，切换到"打开"界面，如图 5-8 所示；通过"浏览"选项找到需要打开的演示文稿，单击"打开"按钮。

（2）按【Ctrl+O】组合键，切换到"打开"界面，通过"浏览"选项找到需要打开的演示文稿。

（3）在"此电脑"中找到需要打开的演示文稿文件，双击将其打开。

图 5-8　打开界面

3. 保存演示文稿

保存演示文稿的常用方法有以下 3 种。

（1）单击快速访问工具栏上的"保存"按钮（▦）。

（2）选择"文件"选项卡 I "保存"命令，保存当前演示文稿。

（3）按【Ctrl+S】组合键，保存演示文稿。

保存文件副本需选择"文件"选项卡 I "另存为"命令，切换到"另存为"界面，单击"浏览"选项，打开"另存为"对话框，确定保存文件的位置，输入文件名称，选择文件的保存类型，如图5-9所示；单击"保存"按钮，保存当前演示文稿。演示文稿默认保存类型为PowerPoint演示文稿（扩展名为"pptx"），还可以将演示文稿保存为其他常用格式，如PDF、WMV等。如果是首次保存该文件也会按上述保存文件副本的方式来处理。

图 5-9　"另存为"对话框

5.1.3　幻灯片的基本操作

在PowerPoint中，用户可以在普通视图下或幻灯片浏览视图下对幻灯片进行选择、新建、删除、复制、移动等基本操作。

1. 选择幻灯片

选择幻灯片的常用方法有以下两种。

（1）在普通视图下，在幻灯片预览窗格中选择幻灯片。

（2）在幻灯片浏览视图下，选择幻灯片的缩略图。

2. 新建幻灯片

要在当前演示文稿中新建幻灯片，需要先选中一张幻灯片，则新建的幻灯片将插入到所选幻灯片之后。新建幻灯片的常用方法有以下3种。

（1）单击"开始"选项卡 I "幻灯片"组 I "新建幻灯片"。

（2）在幻灯片预览窗格内的幻灯片上右击，在弹出的快捷菜单中选择"新建幻灯片"命令，如图5-10所示。

（3）将插入点定位在幻灯片预览窗格内，按【Enter】键。

图 5-10　幻灯片快捷菜单

3．删除幻灯片

在幻灯片预览窗格中，选中需要删除的幻灯片，按【Delete】键，或者在需要删除的幻灯片上右击，在弹出的快捷菜单中选择"删除幻灯片"选项。

4．复制幻灯片

幻灯片的复制可以在同一演示文稿内进行，也可以在不同演示文稿之间进行，复制幻灯片的常用方法有以下两种。

（1）在幻灯片预览窗格中，在需要复制的幻灯片上右击，在弹出的快捷菜单中选择"复制幻灯片"选项，则在当前选中幻灯片之后复制一个当前幻灯片副本。

（2）在幻灯片预览窗格中，在需要复制的幻灯片上右击，在弹出的快捷菜单中选择"复制"命令，在目标位置右击，在弹出的快捷菜单中选择"粘贴选项"中的相应命令。

5．移动幻灯片

幻灯片的移动可以在同一演示文稿内进行，也可以在不同演示文稿之间进行，其方法与复制幻灯片相似，所不同的是要将复制过程中的"复制"选项改为"剪切"选项。

此外，在同一演示文稿内移动幻灯片时，还可以用鼠标左键直接拖动的方法，将需要移动的幻灯片直接移动到目标位置。

5.2　演示文稿的外观设计

为了使演示文稿在播放时更能吸引观众，可以为演示文稿设置不同的外观风格。PowerPoint 提供了多种可以改变演示文稿外观的方法，例如，设置幻灯片大小、应用特色主题、变换版式、修改母版以及设置背景样式等。

5.2.1　页面设置

为了获得更好的放映和打印效果，在制作演示文稿之前可以进行页面设置。单击"设计"选项卡 |"自定义"组 |"幻灯片大小"，在下拉列表中选择幻灯片的预设大小，如图 5–11 所示；或者选择"自定义幻灯片大小"选项，打开"幻灯片大小"对话框，设置个性化的演示文稿页面，如图 5–12 所示，单击"确定"按钮，完成设置。

图 5-11　"幻灯片大小"列表

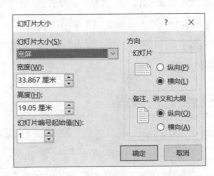

图 5-12　"幻灯片大小"对话框

5.2.2 应用幻灯片主题

PowerPoint 提供了多种内置主题和联机主题，包含配色方案、背景、字体、效果、占位符位置等外观的搭配。使用预先设计的主题，可以轻松快捷地更改演示文稿的整体外观。

默认情况下，演示文稿会将默认的"Office 主题"应用于新建的空白演示文稿。应用其他主题的具体操作方法如下：

（1）在演示文稿中选择需要应用主题的幻灯片。

（2）单击"设计"选项卡 | "主题"组 | 主题列表，在列表中选择内置主题，如图 5-13 所示。

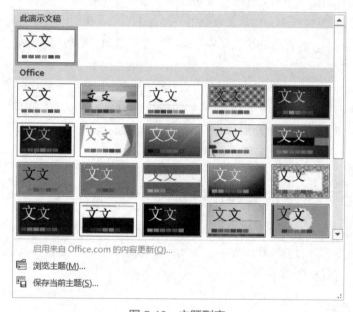

图 5-13　主题列表

- 预览主题效果：将鼠标指针停留在主题缩略图上，可以预览幻灯片应用该主题的效果。
- 主题应用于所有幻灯片：默认情况下单击主题，将所选的主题应用于所有幻灯片。
- 应用不同主题：选中需要应用不同主题的幻灯片，在所需应用的主题上右击，在弹出的快捷菜单中选择"应用于选定幻灯片"命令，如图 5-14 所示。
- 应用外部主题：单击主题列表中的"浏览主题"选项，选择外来的主题。

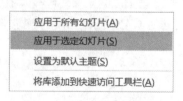

图 5-14　应用不同的主题

5.2.3 设置幻灯片版式

幻灯片版式是 PowerPoint 软件中的一种常规排版的格式，通过幻灯片版式的应用可以对文字、图片等更加合理简洁地完成布局。单击"开始"选项卡 | "幻灯片"组 | "版式"，在列表中选择内置幻灯片版式，如图 5-15 所示。占位符是幻灯片版式上的虚线容器，其中可以包含标题、正文文本、表格、图表、SmartArt 图形、图片、联机图片、视频等内容，如图 5-16 所示。

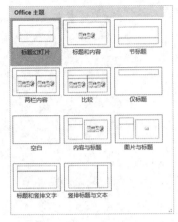

图 5-15　"幻灯片版式"列表　　　　　图 5-16　幻灯片占位符

5.2.4　修改幻灯片母版

　　幻灯片母版是幻灯片层次结构中的顶级幻灯片，它存储有关演示文稿的主题和幻灯片版式的所有信息，包含背景、颜色、字体、效果、占位符大小和位置等。

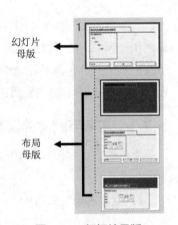

图 5-17　幻灯片母版

　　每个演示文稿至少包含一个幻灯片母版。修改和使用幻灯片母版的主要优点是：可以对与演示文稿相关联的每张幻灯片、备注页或讲义的样式进行全局更改，从而节省演示文稿的制作时间。

　　由于幻灯片母版影响整个演示文稿的外观，因此在创建和编辑幻灯片母版时，需要在幻灯片母版视图中进行，单击"视图"选项卡|"母版视图"组|"幻灯片母版"，进入幻灯片母版视图中。任何给定的幻灯片母版都包含顶层的"幻灯片母版"和"布局母版"两种，如图 5-17 所示。修改其中一张幻灯片母版的样式，就是在修改应用该母版的所有幻灯片的样式。

　　幻灯片母版设置完毕，单击"幻灯片母版"选项卡|"关闭"组|"关闭母版视图"，或者单击"视图"选项卡|"演示文稿视图"组|"普通"，返回普通视图。

　　实例 5-2　将所有"标题和内容"版式的幻灯片标题字体快速设置为"华文琥珀"。

　　进入幻灯片母版视图，选中"标题和内容"版式的布局母版，选中标题占位符，在开始选项卡中设置字体为"华文琥珀"，关闭母版视图后，所有"标题和内容"版式幻灯片的标题均变为"华文琥珀"。

5.2.5　设置幻灯片背景

　　幻灯片的外观在很大程度上是由所设置的背景决定的。在 PowerPoint 中，可以选择主题预设的背景样式，也可以自定义背景样式，设置幻灯片背景的常用方法有以下两种。

　　（1）选中需要设置背景的幻灯片，单击"设计"选项卡|"自定义"组|"设置背景格式"，

打开右侧"设置背景格式"窗格，设置幻灯片背景效果，如图 5–18 所示。

（2）选中需要设置背景的幻灯片，在幻灯片空白处右击，在弹出的快捷菜单中选择"设置背景格式"命令，打开右侧"设置背景格式"窗格，设置幻灯片背景效果。

实例 5–3　将所有幻灯片的背景均设置为"点线：5%"的图案填充。

在幻灯片空白处右击，在弹出的快捷菜单中选择"设置背景格式"命令，打开右侧"设置背景格式"窗格，选择"图案填充"选项，在图案列表中选择"点线：5%"，单击"应用到全部"按钮，所有幻灯片背景均应用"点线：5%"的图案填充。

图 5-18　"设置背景格式"窗格

5.3 演示文稿的基本制作

一个演示文稿由多张幻灯片组成，演示文稿的基本制作即是对幻灯片内容的制作，在演示文稿制作过程中，适当添加文本、图形、图片、图表、艺术字、视频、音频等对象，不但能够使演示文稿图文并茂，而且还能够使其更具生动性和说服力。这些对象的添加及修改方法与 Word、Excel 部分相似，具体内容可以参照本书第 3 章和第 4 章。

5.3.1　文本与图像的添加

文本编辑是制作演示文稿的基础，PowerPoint 能以多种简便、灵活的方式把文本添加到演示文稿中。

1. 文本的添加与美化

1）添加文本

在演示文稿的各种版式中，除"空白"版式外，每种版式都有"单击此处添加标题""单击此处添加文本"这类占位符，用户可以使用文本占位符向演示文稿中输入文本。通常，在文本占位符中输入文本时，占位符中自定义的提示文本会消失；如果用户选择的是"空白"版式的幻灯片，则需要在幻灯片的空白位置先插入文本框，然后再输入文本；如果在形状中添加文本，需要在形状上右击，在弹出的快捷菜单中选择"编辑文字"选项，然后再输入文本。

2）格式化文本

在 PowerPoint 中，文本的格式化与 Word 相同，都遵循"先选中后操作"的原则，即选中文本或文本所在的占位符后，使用"开始"选项卡上的相关工具按钮，对文本进行相应的格式化处理。

2. 图片的添加与美化

添加与美化图片的方法与 Word 相似，选中添加进来的图片，在功能区上方会新增"图片工具"的"格式"选项卡，下面仅介绍图片在 PowerPoint 中几种常见的应用。

1）删除背景

单击"图片工具 | 格式"选项卡 | "调整"组 | "删除背景"，自动删除不需要的图片背景，以强调或突出显示图片主题。删除背景时，功能区上方会新增"背景消除"选项卡，如图 5-19

所示。如果自动删除背景的效果不理想，还可以使用"背景消除"选项卡 | "优化"组中的标记功能来实现删除图片背景的效果，操作方法如下：

图 5-19　　"背景消除"选项卡

单击"标记要保留的区域"或者"标记要删除的区域"，在图片上绘制要保留区域的线条或者要删除区域的线条，标记出图片背景的保留区域或者删除区域。单击"关闭"组中的"保留更改"按钮，保留删除背景效果；单击"放弃所有更改"按钮，放弃删除背景效果。

2）图片校正

图片校正主要是针对图片"锐化 / 柔化"和"亮度 / 对比度"的调整。单击"图片工具 | 格式"选项卡 | "调整"组 | "校正"，如图 5-20 所示；在列表中鼠标指针经过预设效果缩略图时，会提示该种预设的参数值，同时预览幻灯片中图片的校正效果，单击缩略图即可应用该校正效果。

如果预设效果不满意，可以单击"图片更正选项"超链接，打开右侧"设置图片格式"窗格，在"图片校正"选项区域中手动调整图片校正效果，如图 5-21 所示。

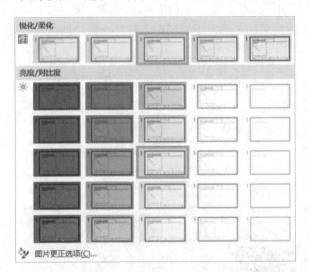

图 5-20　　"校正"列表

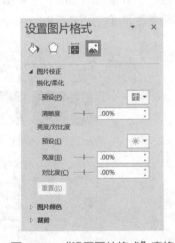

图 5-21　　"设置图片格式"窗格
"图片校正"选项区域

3）图片颜色

图片颜色主要是针对图片"颜色饱和度""色调""重新着色"及"设置透明色"等调整。单击"图片工具 | 格式"选项卡 | "调整"组 | "颜色"，如图 5-22 所示。在列表中鼠标指针经过预设效果缩略图时，会提示该种预设的参数值，同时预览幻灯片中图片的颜色效果，单击缩略图即可应用该颜色效果。

如果预设效果不满意，可以单击"图片颜色选项"超链接，打开"设置图片格式"窗格，在"图片颜色"选项区域中，手动调整图片颜色效果。

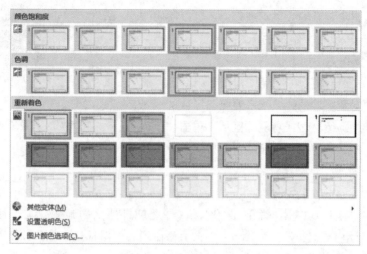

图 5-22　"颜色"列表

4）艺术效果

艺术效果主要是对图片应用各种艺术效果，包含"无""标记""铅笔灰度"等23种艺术效果。单击"图片工具 | 格式"选项卡 | "调整"组 | "艺术效果"，如图 5-23 所示；在列表中鼠标指针经过预设效果缩略图时，会提示该种艺术效果的名称，同时预览幻灯片中图片的艺术效果，单击缩略图即可应用该艺术效果。

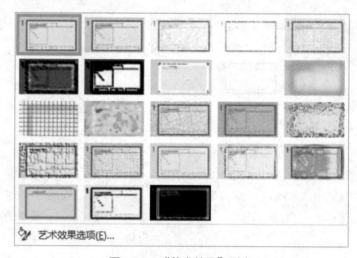

图 5-23　"艺术效果"列表

5）图片样式

选中当前图片，单击"图片工具 | 格式"选项卡 | "图片样式"组 | 图片样式列表，在列表中可以快速应用图片样式来增加图片的感染力；或者通过单击"图片样式"组 | "图片效果"，如图5-24所示。修改图片阴影、映像、发光、柔化边缘、棱台和三维旋转等效果。

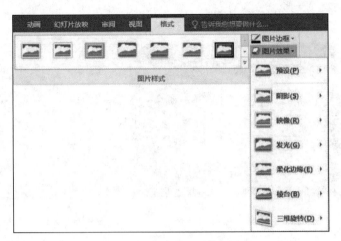

图 5-24　"图片效果"列表

如果各项的预设效果不满意，可以单击每类图片效果底部的"阴影选项""映像选项""发光选项""柔化边缘选项""棱台选项""三维旋转选项"，打开"设置图片格式"窗格，手动调整图片效果。

6）图片排列

选中当前图片，单击"图片工具|格式"选项卡，在"排列"组中，可以通过单击"上移一层""下移一层"按钮调整图片的叠放次序；通过"选择窗格"查看幻灯片中的对象，如图 5-25 所示；通过"对齐"下拉列表选择多个图片的对齐方式，如图 5-26 所示；通过"旋转"下拉列表选择图片的旋转方式，如图 5-27 所示。

图 5-25　图片排列

图 5-26　图片"对齐"列表

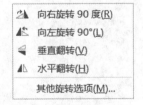

图 5-27　图片"旋转"列表

7）图片裁剪

裁剪操作是通过减少图片边缘来删除图片区域，以便进行强调或删除不需要的部分。选中当前图片，单击"图片工具|格式"选项卡|"大小"组|"裁剪"|"裁剪"，图片四周会出现两套控制点，白色空心圆的控制点用来控制图片大小，黑色控制线用来控制裁剪的范围，如图 5-28 所示。在"裁剪为形状"列表中选择图片裁剪的形状，如图 5-29 所示。

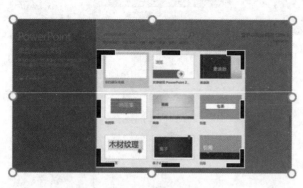

图 5-28　裁剪图片

图 5-29　"裁剪为形状"列表

5.3.2　图形与图表的添加与编辑

1. 插入形状

除了主题、背景外，图形是美化演示文稿的另一个重要元素，添加与美化简单图形的方法与 Word 相同，PowerPoint 在"形状"列表底部增加了一组"动作按钮"，如图 5-30 所示。"动作按钮"是具有链接动作的一组特殊图形，插入"动作按钮"时会自动打开"操作设置"对话框，对其进行触发动作的设置，如图 5-31 所示。

PowerPoint 不但可以插入简单图形，还可以将多个简单形状进行合并得到更具个性化的形状。同时选中幻灯片中的多个简单形状，单击"绘图工具|格式"选项卡|"插入形状"组|"合并形状"，在下拉列表中选择合并形状的方式，如图 5-32 所示。

图 5-30　"形状"列表

图 5-31　"操作设置"对话框

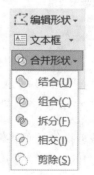

图 5-32　"合并形状"列表

- 结合：将所选的多个图形结合成一个整体。
- 组合：保留所选图形之间的非公共部分。

- 拆分：将所选图形拆分为若干个组成部分。
- 相交：保留所选图形间的公共部分。
- 剪除：保留图形被另一个图形剪除后的部分。

我们以黄、蓝两种不同颜色的圆形为例。选中蓝色圆形，按【Ctrl】键，同时选中黄色圆形，得到合并之后的各种蓝色形状，如表 5-1 所示。如果先选中黄色圆形，再选中蓝色图形，则得到的均为合并之后的各种黄色形状，如表 5-2 所示。

表 5-1　先选蓝色后选黄色图形的合并效果

选　　中	结　　合	组　　合
⬤⚪	⬤⬤	⬤⬤
拆　　分	相　　交	剪　　除
⬤⬤	⬭	◗

表 5-2　先选黄色后选蓝色图形的合并效果

选　　中	结　　合	组　　合
◖⚪	⚪⚪	⚪⚪
拆　　分	相　　交	剪　　除
⚪⚪	⬭	◖

"合并形状"不仅适用于简单图形之间，图形还可以与文字、图片进行合并；文字可以与图形、文字、图片进行合并；图片仅可以与图形、文字进行合并，如图 5-33 所示。

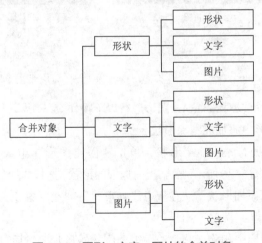

图 5-33　图形、文字、图片的合并对象

2. 插入 SmartArt 图形

SmartArt 图形是信息可视化表达的重要形式，可以从多种不同布局中进行选择，从而快速轻松地创建所需形式，以便有效地传达信息或观点。

1）插入 SmartArt 图形

在 PowerPoint 中，用户可以通过单击"插入"选项卡 | "插图"组 | "SmartArt"，或者单击内容占位符中的"插入 SmartArt 图形"按钮（🖼），打开"选择 SmartArt 图形"对话框，如图 5-34 所示。系统提供了多种 SmartArt 图形类型供用户选择，如"列表""流程""循环""层次结构""关系""矩阵""棱锥图""图片"等。每种类型的 SmartArt 图形包含若干个不同的布局，选择了一个布局之后，会在对话框右侧看到该布局的名称、预览图以及该图形使用环境的介绍，单击"确定"按钮，插入选定的 SmartArt 图形。

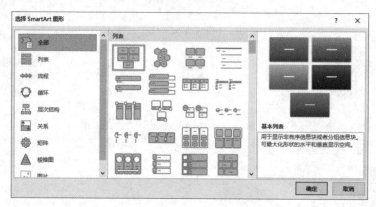

图 5-34 "选择 SmartArt 图形"对话框

2）SmartArt 图形的美化

选中 SmartArt 图形，在功能区上方会新增两个 SmartArt 工具选项卡，分别是"格式"选项卡（其功能与图形格式化功能相同）和"设计"选项卡，如图 5-35 所示。

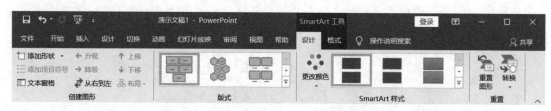

图 5-35 "SmartArt 工具"的"设计"选项卡

在"设计"选项卡中可以对 SmartArt 图形进行以下操作。

（1）在 SmartArt 图形中添加或删除形状。

选中需要添加新形状的 SmartArt 形状，单击"创建图形"组 | "添加形状"下拉列表，如图 5-36 所示。根据当前选中的形状，选择"在后面添加形状""在前面添加形状""在上方添加形状""在下方添加形状"或"添加助理"。

如果要从 SmartArt 图形中删除形状，选中需要删除的形状，然后

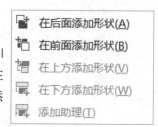

图 5-36 "添加形状"列表

按【Delete】键。如果要删除整个 SmartArt 图形，选中 SmartArt 图形的边框，然后按【Delete】键。

（2）更改 SmartArt 图形的布局。

选中 SmartArt 图形，在"版式"组的列表中选择其他同类型的布局，或者通过"其他布局"选项，选择不同类型的布局。

（3）更改 SmartArt 图形的样式。

选中 SmartArt 图形，单击"SmartArt 样式"组 |"更改颜色"，在列表中选择颜色变体，如图 5-37 所示；单击 SmartArt 样式列表，选择快速样式，如图 5-38 所示。

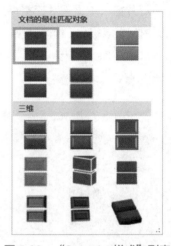

图 5-37　"更改颜色"列表　　　　　图 5-38　"SmartArt 样式"列表

（4）重置 SmartArt 图形的样式。

选中 SmartArt 图形，单击"重置"组 |"重设图形"，恢复 SmartArt 图形的初始样式；单击"转换"列表，可以将 SmartArt 图形"转换为文本"或"转换为形状"。

3）向 SmartArt 图形中添加文字

（1）单击"文本窗格"中的"[文本]"，然后输入文本。

（2）在图形上单击"[文本]"，然后输入文本。

（3）在图形上右击，在弹出的快捷菜单中选择"编辑文字"命令，然后输入文本。

实例 5-4　快速添加 SmartArt 图形中的形状。

选中幻灯片中的 SmartArt 图形，单击"SmartArt 工具 | 设计"选项卡 |"创建图形"组 |"文本窗格"，或者单击 SmartArt 图形左侧的折叠按钮，打开 SmartArt 图形的文本窗格，如图 5-39 所示；将插入点定位在要添加形状的位置，按【Enter】键添加新图形。

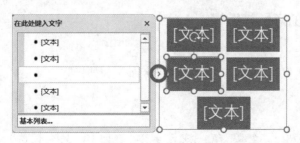

图 5-39　文本窗格

3. 插入图表

图表常用于财务分析、项目总结、市场企划等演示文稿的制作中，是表达数据的一种有效方式，它能将数据间的关系和变化趋势形象、直观地表述出来，从而增加演示文稿的说服力。

1）插入图表

在 PowerPoint 中，用户可以通过单击"插入"选项卡 | "插图"组 | "图表"，或者单击内容占位符中"插入图表"按钮（ ），打开"插入图表"对话框，选择插入图表类型，如图 5-40 所示，单击"确定"按钮，进入图表编辑状态。

此时幻灯片窗格中出现对应类型的图表和一个 Excel 数据表，如图 5-41 所示。其中图表中显示的数据由数据表提供，修改数据表中的样本数据，图表中的数据会随之发生变化。选中图表，功能区上方会新增两个图表工具选项卡，分别是"设计"选项卡和"格式"选项卡，图表的具体操作参照第 4 章。

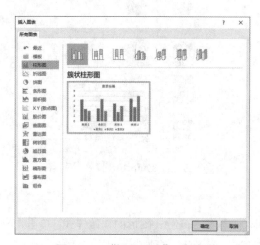

图 5-40　"插入图表"对话框

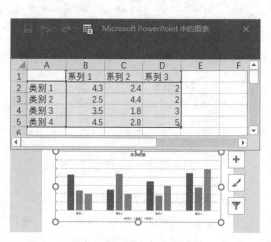

图 5-41　图表编辑状态

2）更改现有图表中的数据

将默认打开工作表中的数据删除后，粘贴要制作图表的数据，并用鼠标拖动数据选择区域（蓝色框线）的右下角，调整图表中的数据范围，如图 5-42 所示。

在图表编辑状态下，当数据表不需要修改时，可以将其关闭；需要修改时再单击"图表工具 | 设计"选项卡 | "数据"组 | "编辑数据"，将其再次显示出来。

	A	B	C	D
1		系列 1	系列 2	系列 3
2	类别 1	4.3	2.4	2
3	类别 2	2.5	4.4	2
4	类别 3	3.5	1.8	3
5	类别 4	4.5	2.8	
6				

图 5-42　调整数据范围

5.3.3　其他对象的添加与编辑

1. 插入艺术字

使用艺术字可以为文档添加特殊文本效果。例如，拉伸标题、对文本应用填充、应用轮廓、添加各种文本效果等。

1）插入艺术字

单击"插入"选项卡 | "文本"组 | "艺术字"，在列表中选择插入艺术字的样式，输入所需

艺术字文本；或者选中现有文本，单击"绘图工具 | 格式"选项卡 | "艺术字样式"组 | 艺术字样式列表，在列表中选择艺术字样式，如图 5-43 所示。

2）修改艺术字样式

选中艺术字，单击"绘图工具 | 格式"选项卡 | "艺术字样式"组，在"文本填充"中修改艺术字的填充效果；在"文本轮廓"中修改艺术字的轮廓效果；在"文本效果"中修改艺术字的其他效果，或者在艺术字样式列表中修改为预设的艺术字样式，具体操作参照第 3 章。

如果预设的各种效果都不满意，可以在艺术字上右击，在弹出的快捷菜单中选择"设置文字效果格式"命令，打开右侧"设置形状格式"窗格"文本选项"选项卡，手动设置更多艺术字效果，如图 5-44 所示。

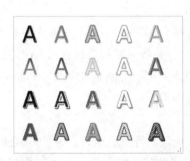
图 5-43　"艺术字样式"列表

图 5-44　"设置形状格式"窗格"文本选项"选项卡

2. 插入音频和视频

在 PowerPoint 中，用户除了可以插入图片、艺术字等对象外，还可以插入音频和视频等多媒体对象来进一步增强演示文稿的播放效果。

1）音频的插入与编辑

（1）单击"插入"选项卡 | "媒体"组 | "音频" | "PC上的音频"，选择需要插入的音频文件；或者单击"插入"选项卡 | "媒体"组 | "音频" | "录制音频"，打开"录制声音"对话框，进行音频录制，如图 5-45 所示。

图 5-45　"录制声音"对话框

（2）选中幻灯片中的音频图标（🔊），功能区上方会新增两个"音频工具"选项卡，分别是"格式"选项卡（其功能与图片格式化功能相同）和"播放"选项卡，在"播放"选项卡中可以对音频进行以下操作，如图 5-46 所示。

图 5-46　"音频工具"的"播放"选项卡

- "预览"组：单击"播放"按钮，可以在幻灯片编辑状态下播放音频。
- "书签"组：设置音频播放中关注的时间点。
- "编辑"组："剪裁音频"的开始时间和结束时间；设置音频的淡入时间和淡出时间。
- "音频选项"组：设置音频播放时的"音量"和"开始"方式，以及是否勾选"跨幻灯片播放""循环播放，直到停止""放映时隐藏""播放完毕返回开头"等复选项。
- "音频样式"组：预设音频播放选项。

2）视频的插入与编辑

（1）单击"插入"选项卡|"媒体"组|"视频"|"PC上的视频"，选择需要插入的视频文件；或者单击"插入"选项卡|"媒体"组|"屏幕录制"，屏幕上会出现录制控制面板，如图5-47所示。单击"选择区域"

图 5-47　屏幕录制控制面板

按钮后，单击鼠标左键并拖动可以指定录制区域；设置录制屏幕时是否录制音频及鼠标指针；单击"录制"按钮开始录制，单击"停止"按钮停止录制，并将录制视频插入到当前幻灯片。

（2）选中幻灯片中的视频，功能区上方会新增两个视频工具，分别是"格式"选项卡和"播放"选项卡，这两个选项卡的操作与音频工具选项卡的操作相似。

实例 5–5　快速录制屏幕。

单击"插入"选项卡|"媒体"组|"屏幕录制"，出现录制控制面板后，按【Win+Shift+R】组合键开始录制屏幕，再次按【Win+Shift+R】组合键暂停录制，按【Win+Shift+Q】组合键停止录制。

3. 插入其他对象

1）页眉和页脚

幻灯片中可以通过添加页眉和页脚的方式，在演示文稿中持续显示指定文本及日期、时间、编号等内容。

单击"插入"选项卡|"文本"组|"页眉和页脚"，打开"页眉和页脚"对话框，根据需要设置幻灯片上显示的日期和时间、幻灯片编号、页脚文本以及是否勾选"标题幻灯片中不显示"复选项，如图5–48所示。

图 5-48　"页眉和页脚"对话框

2）其他对象

在 PowerPoint 中可以插入各种类型的对象，如果不能在"插入"选项卡中直接插入，可以通过单击"插入"选项卡 |"文本"组 |"对象"的方法，以对象的方式将其插入到幻灯片中，如图 5-49 所示。可以"新建"对象；或者"由文件创建"将现有文件以对象的形式插入到幻灯片中，如图 5-50 所示，单击"浏览"按钮，选择需要插入的对象。

插入到幻灯片中的对象其外观编辑方法与形状相似，通过双击对象的方式进入到对象编辑状态，可以对其中的内容进行重新编辑。

图 5-49　"插入对象"对话框

图 5-50　由文件创建对象

5.4　演示文稿的动画与交互设置

在演示文稿中适当地添加动画效果，可以使演示文稿更加生动活泼，富有感染力，还可以通过添加声音来增加动画效果的强度。

在 PowerPoint 中，幻灯片的动画效果可以分为片内动画和片间动画两类。其中，片内动画是指给幻灯片中的对象添加动画效果，而片间动画是指幻灯片之间的切换动画。此外，还可以通过插入超链接和动作来实现幻灯片的切换。

5.4.1　幻灯片的动画效果

PowerPoint 可以为演示文稿中的各类对象设置动画效果。动画效果主要分为"进入""强调""退出""动作路径"四种，分别设置对象进入幻灯片的动画效果、在幻灯片中强调显示的动画效果、退出幻灯片的动画效果以及在幻灯片中位置移动的动画效果，他们的设置方法相同。

1. 添加动画

单击"动画"选项卡 |"高级动画"组 |"添加动画"，在下拉列表中选择动画效果，如图 5-51 所示。

2. 编辑动画

动画的常用编辑主要集中在"动画"选项卡，如图 5-52 所示。

图 5-51　"添加动画"下拉列表

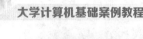

图 5-52　"动画"选项卡

1）"预览"组

单击"预览"按钮，可以在幻灯片编辑状态下播放动画效果。

2）"动画"组

（1）动画列表：展开动画列表，单击列表中的动画可以替换当前对象的动画效果；单击"更多进入效果"选项，可以打开"更改进入效果"对话框，如图 5-53 所示。单击某种进入动画效果，可以预览幻灯片中对象的动画效果，单击"确定"按钮，替换当前动画效果。如果当前对象没有添加动画，可以通过动画列表添加动画。

（2）效果选项：不同动画的效果选项内容会有所不同，一般包含"方向"和"序列"，如图 5-54 所示。"方向"指动画播放的方向；"序列"指组合对象的动画形式。

图 5-53　"更改进入效果"对话框　　　　图 5-54　"效果选项"列表

3）"高级动画"组

（1）添加动画：在对象上添加动画效果，可以为同一对象叠加多种动画效果。

（2）动画窗格：单击"动画窗格"，演示文稿窗口右侧会出现动画窗格，可以通过鼠标拖动的方法调整动画前后的播放顺序，如图 5-55 所示；还可以在动画选项上右击，在弹出的快捷菜单中对动画效果进行"删除"和其他"效果选项"等更多设置。"随机线条"动画的效果选项对话框如图 5-56 所示。

图 5-55　动画窗格

图 5-56　"随机线条"效果选项对话框

（3）触发：指定单击幻灯片上的某个对象时，出现该动画效果。

（4）动画刷：将已经设置的动画效果复制到其他对象上，复制方法与使用格式刷复制文本格式相似。

4）"计时"组

（1）开始：用于设置动画的开始方式。

- 单击时：幻灯片放映时，单击鼠标后该动画开始播放。

- 与上一动画同时：在上一个动画播放的同时播放该动画，使用此选项可以设置多个动画同时播放。

- 上一动画之后：在上一个动画播放完毕后自动播放该动画，使用此选项可以设置多个动画自动依次播放。

（2）持续时间：用于设置动画的持续时间。

（3）延迟：用于设置动画被激活后延迟播放的时间，使用此项可以设置定时播放动画。

（4）对动画重新排序：用于调整动画的播放顺序。

实例5-6　快速复制动画。

设置样本动画效果，单击"动画"选项卡 | "高级动画"组 | "动画刷"按钮（★动画刷），单击其他对象，可以复制样本动画效果；双击"动画刷"按钮，可以多次复制样本动画效果。

5.4.2　幻灯片的切换效果

幻灯片的切换效果是指在演示文稿的放映过程中，由一张幻灯片进入另一张幻灯片时的动画效果，"切换"选项卡如图 5-57 所示。

图 5-57　"切换"选项卡

1）"预览"组

单击"预览"按钮，可以在幻灯片编辑状态下播放切换动画效果。

2）"切换到此幻灯片"组

（1）切换到此幻灯片列表：选择幻灯片切换动画效果。

（2）效果选项：选择切换动画的方向等属性。

3）"计时"组

（1）声音：切换动画时带有的声音效果。

（2）持续时间：用于设置切换动画的持续时间。

（3）应用到全部：可以将所设置的切换效果应用于演示文稿的所有幻灯片。

（4）换片方式：幻灯片切换的触发方式，包含"单击鼠标时"和"设置自动换片时间"。

5.4.3 超链接与动作的交互设置

为了使演示文稿的播放过程更加灵活，可以在演示文稿中适当添加超链接，从而实现一张幻灯片与其他幻灯片之间的跳转以及与其他演示文稿、文件或 Web 页之间的链接。

1. 超链接

在 PowerPoint 中，用户可以为文本、图形、图片等对象设置超链接。具体操作方法如下：

（1）在幻灯片中选中需要设置超级链接的对象。

（2）单击"插入"选项卡 | "链接"组 | "链接"，或者在对象上右击，在弹出的快捷菜单中选择"超链接"选项，打开"插入超链接"对话框，如图 5-58 所示。

图 5-58 "插入超链接"对话框 1

（3）在"链接到"选项区指定链接的目标位置。

① 现有文件或网页：在右侧"查找范围"选项区确定需要链接的目标文件或网页所在的位置。

② 本文档中的位置：选择链接到当前演示文稿中的目标位置，包含"第一张幻灯片""最后一张幻灯片""下一张幻灯片""上一张幻灯片""幻灯片标题""自定义放映"等，如图 5-59 所示。

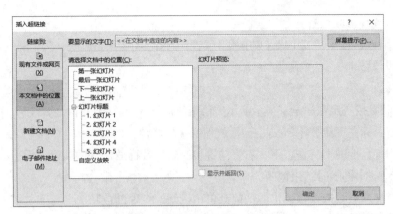

图 5-59　"插入超链接"对话框 2

③ 新建文档：在右侧区域设置需要链接的新文档的名称、位置及何时编辑。

④ 电子邮件地址：在右侧区域对需要链接的电子邮件的地址、主题和内容进行编辑。

（4）超级链接创建完成后，单击"确定"按钮。

（5）如果需要对已创建的超链接进行修改或删除，在链接对象上右击，在弹出的快捷菜单中选择"编辑链接"或"删除链接"命令即可。

2. 动作

在幻灯片中添加动作也可以实现超链接的效果。具体操作方法如下：

1）添加动作按钮

选中需要添加动作按钮的幻灯片。单击"插入"选项卡 | "插图"组 | "形状" | "动作按钮"，选择所需的动作按钮，当鼠标指针变成"十"字形时，在幻灯片的适当位置单击鼠标左键并拖动，完成动作按钮的绘制；释放鼠标时弹出"动作设置"对话框，在"单击鼠标"选项卡或"鼠标悬停"选项卡中，为动作按钮设置动作属性，单击"确定"按钮，完成设置。

2）为对象设置动作

在幻灯片中选中需要设置动作的对象，单击"插入"选项卡 | "链接"组 | "动作"，打开"动作设置"对话框，操作与动作按钮相同。

5.5　演示文稿的放映与输出

5.5.1　演示文稿的放映与标注

1. 放映演示文稿

演示文稿制作完成后，即可以在屏幕上放映。在 PowerPoint 中，放映演示文稿的常用方法有以下两种。

（1）单击"幻灯片放映"选项卡 | "开始放映幻灯片"组，选择放映方式。

（2）单击状态栏右下角"幻灯片放映"按钮（🖵），从当前幻灯片开始放映。

幻灯片放映时可以通过右击，在弹出的快捷菜单中进行幻灯片的跳转、屏幕内容的绘制和控制幻灯片结束。

实例 5-7 快速放映幻灯片。

在幻灯片编辑状态下，按【F5】功能键，从第一张幻灯片开始放映；按【Shift+F5】功能键，从当前幻灯片开始放映。

2．放映控制

幻灯片放映是按一定顺序全屏显示演示文稿中的幻灯片。放映幻灯片的常用方法有以下 4 种。

（1）单击鼠标左键或按【Enter】键播放下一张幻灯片。

（2）使用键盘上的上、左、下、右方向键控制幻灯片播放进程的前进和后退。

（3）按【Esc】键随时结束放映。

（4）在幻灯片上右击，在弹出的快捷菜单中控制幻灯片的放映。

3．演示文稿的标注

演示文稿放映时，在幻灯片上右击，在弹出的快捷菜单中选择"指针选项"命令，如图 5-60 所示。选择"笔"选项，鼠标指针即处于笔画标注状态，用鼠标左键拖动，即可将鼠标指针作为画笔进行标注；选择"荧光笔"选项，鼠标指针即处于荧光笔标注状态，单击鼠标左键并拖动，即可将鼠标指针作为荧光笔进行标注；还可以将鼠标指针变为激光笔，设置墨迹颜色，擦除墨迹等操作。

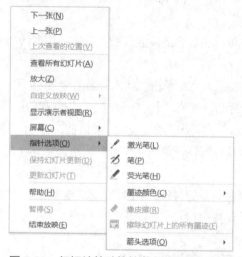

图 5-60　幻灯片放映快捷菜单中的指针选项

5.5.2　演示文稿的输出

演示文稿不仅可以在计算机上放映，还可以通过多种视图形式（如幻灯片、备注、大纲、讲义等）将其输出，从而满足用户在不同情况下的需要。

完成演示文稿的页面设置后，即可对演示文稿进行打印设置，选择"文件"|"打印"命令，打开"打印"界面，如图 5-61 所示。在"份数"文本框中设置需要打印的份数；在"打印机"列表中选择打印机；在"设置"列表中选择打印幻灯片的范围；在"整页幻灯片"列表中选择打印内容；在"对照"列表中选择打印多份时的顺序；在"颜色"列表中选择打印幻灯片的颜色模式。打印参数设置完毕，单击"打印"按钮即可。

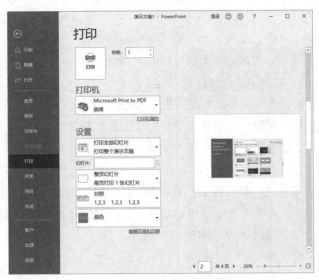

图 5-61　打印界面

案例 1　演示文稿的外观设计

案例描述

本案例以中国传统节日为主题制作演示文稿，完成如图 5-62~ 图 5-64 所示的幻灯片。

图 5-62　中国传统节日 - 幻灯片 1

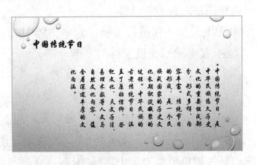

图 5-63　中国传统节日 - 幻灯片 2

图 5-64　中国传统节日 - 幻灯片 3

演示文稿的
外观设计

大学计算机基础案例教程

具体要求如下：

（1）设置幻灯片大小为"宽屏（16∶9）"。

（2）在幻灯片母版中，删除左下角的"LOGO"标记。

（3）参照图5-62，编辑第1张幻灯片。

① 为幻灯片应用素材文件夹中的主题"节日.thmx"。

② 在标题占位符输入标题"中国传统节日"，设置标题字体为黑体，字号为80，字体颜色为标准色中的深红，字形为阴影；水平对齐文本为居中对齐，垂直对齐文本为底端对齐；删除副标题占位符。

③ 在幻灯片右上角插入"动作按钮：自定义"，设置单击鼠标时的动作为超链接到"下一张幻灯片"；在动作按钮中输入文字"历史文化"，设置字号为24，形状样式为"细微效果 – 橙色，强调颜色2"，高度为3厘米，宽度为3厘米。

（4）参照图5-63，编辑第2张幻灯片。

① 为幻灯片应用系统内置的主题"水滴"。

② 设置幻灯片的版式为"标题和内容"。

③ 设置标题文本水平对齐为左对齐，内容文字方向为竖排。

（5）参照图5-64，新建并编辑第3张幻灯片。

① 设置幻灯片的背景为素材文件夹中的图片"背景.jpg"，同时"隐藏背景图形"。

② 设置幻灯片的版式为"空白"。

③ 插入素材文件夹中的图片"传统节日.jpg"，设置图片的高度为16厘米，宽度为26厘米，适当调整图片的位置。

④ 为图片插入超链接，链接到本文档中的"第一张幻灯片"。

（6）保存演示文稿文件。

操作提示

（1）单击"设计"选项卡 |"自定义"组 |"幻灯片大小" |"宽屏（16∶9）"。

（2）单击"视图"选项卡 |"母版视图"组 |"幻灯片母版"，切换到幻灯片母版视图，在左侧幻灯片预览窗格中选中顶部的幻灯片母版，在幻灯片窗格中选中左下角带LOGO的文本框，按【Delete】键删除LOGO文本框，单击"幻灯片母版"选项卡 |"关闭母版视图"，返回普通视图。

（3）编辑第1张幻灯片。

① 单击"设计"选项卡 |"主题"组 | 主题列表 |"浏览主题"，打开"选择主题或主题文档"对话框，选择素材文件夹中的主题"节日.thmx"。

② 在标题占位符输入标题文本"中国传统节日"；选中标题，在"开始"选项卡 |"字体"组中设置标题字体为黑体，字号为80号，字体颜色为标准色中的深红，单击"文字阴影"按钮；单击"段落"组 |"居中"按钮；单击"段落"组 |"对齐文本" |"底端对齐"；选中副标题占位符边框，按【Delete】键删除副标题占位符。

③ 单击"插入"选项卡 |"插图"组 |"形状" |"动作按钮" |"动作按钮：自定义"，在幻灯片右上角绘制动画按钮，在自动打开的"操作设置"对话框中，设置单击鼠标时的动作

为超链接到"下一张幻灯片";在动作按钮上右击,在弹出的快捷菜单中选择"编辑文字"命令,输入文本"历史文化";选中动作按钮,在"开始"选项卡|"字体"组中设置字号为24;单击"绘图工具|格式"选项卡|"形状样式"组|形状样式列表|"细微效果 – 橙色,强调颜色 2";单击"大小"组,设置动作按钮的高度为 3 厘米,宽度为 3 厘米,适当调整形状位置。

（4）编辑第 2 张幻灯片。

① 选中第 2 张幻灯片,单击"设计"选项卡|"主题"组|主题列表,在"水滴"主题右击,在弹出的快捷菜单中选择"应用于选定幻灯片"命令。

② 单击"开始"选项卡|"幻灯片"组|"版式"|"标题和内容"。

③ 选中标题,单击"段落"组|"左对齐"按钮;选中内容文本,单击"段落"组|"文字方向"|"竖排"。

（5）新建并编辑第 3 张幻灯片。

① 在第 2 张幻灯片之后,单击"开始"选项卡|"幻灯片"组|"新建幻灯片";在幻灯片窗格空白处右击,在弹出的快捷菜单中选择"设置背景格式"命令,打开右侧"设置背景格式"窗格,设置填充为"图片或纹理填充";单击"插入"按钮插入素材文件夹中的图片"背景 .jpg",同时勾选"隐藏背景图形"复选项。

② 单击"开始"选项卡|"幻灯片"组|"版式"|"空白"。

③ 单击"插入"选项卡|"图像"组|"图片",打开"插入图片"对话框,选择素材文件夹中的图片"传统节日 .jpg",单击"插入"按钮;在图片上右击,在弹出的快捷菜单中选择"大小和位置"命令,打开右侧"设置图片格式"窗格,取消"锁定纵横比",设置高度为 16 厘米,宽度为 26 厘米,适当调整图片的位置。

④ 选中图片,单击"插入"选项卡|"链接"组|"链接",打开"插入超链接"对话框,单击"本文档中的位置"|"第一张幻灯片",单击"确定"按钮。

（6）单击快速访问工具栏中的"保存"按钮,保存当前文档。

视频
演示文稿的综合应用

案例 2　演示文稿的综合应用

案例描述

本案例以爱国为主题制作演示文稿,完成如图 5-65 ～图 5-67 所示的幻灯片。

图 5-65　爱国 - 幻灯片 1

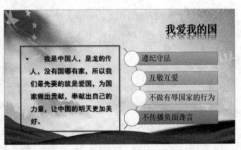
图 5-66　爱国 - 幻灯片 2

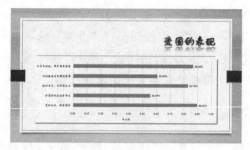

图 5-67 爱国 - 幻灯片 3

具体要求如下：

（1）参照图 5-65，编辑第 1 张幻灯片。

① 设置幻灯片的版式为"标题幻灯片"；在标题占位符输入标题"我爱我的国"，设置标题字体为华文新魏，字号为 96，字体颜色为标准色中的深红，字形为加粗；文本效果为"发光：8 磅；金色，主题色 4"。

② 插入素材文件夹中的音频"背景音乐 .mp3"；在音频选项中设置音频开始方式为"自动""跨幻灯片播放""放映时隐藏"。

（2）参照图 5-66，编辑第 2 张幻灯片。

① 设置幻灯片版式为"两栏内容"；设置标题字形为加粗、阴影；水平对齐文本为右对齐；文本效果为"紧密映像：8 磅 偏移量"。

② 设置左侧文本占位符形状轮廓颜色为标准色中的深红，粗细为 3 磅，形状效果为"阴影"|"外部"|"偏移：右下"。

③ 在右侧占位符中插入 SmartArt 图形，样式为列表类型中的"垂直曲形列表"，在后面添加形状，并在图形中输入相应的文本。

④ 更改 SmartArt 图形的颜色为"彩色 – 个性色"，样式为"细微效果"。

⑤ 为幻灯片标题添加"直线"的动作路径动画，效果选项为方向"靠左"。

⑥ 为幻灯片左侧文本添加"画笔颜色"的强调动画，开始方式为"与上一动画同时"，持续时间为"00.75"。

⑦ 为幻灯片右侧 SmartArt 图形添加"擦除"的进入动画，效果选项为"自左侧""逐个"，开始方式为"上一动画之后"。

（3）参照图 5-67，编辑第 3 张幻灯片。

① 为幻灯片应用系统内置的主题"环保"。

② 在内容占位符处插入图表，图表类型为"簇状条形图"，图表数据为素材文件夹中的工作薄"源数据"。

③ 设置图表不显示图表标题，在外部显示数据标签。

④ 设置数据标签的数字类别为百分比，保留 2 位小数。

⑤ 设置图表形状效果为"阴影"|"外部"|"偏移：右下"，适当调整图表的大小和位置。

（4）设置所有幻灯片的切换效果均为细微型中的"淡入 / 淡出"。

（5）保存演示文稿文件。

操作提示

（1）编辑第 1 张幻灯片。

① 单击"开始"选项卡｜"幻灯片"组｜"版式"｜"标题幻灯片"；在标题占位符输入标题文本"我爱我的国"，选中标题，在"开始"选项卡｜"字体"组中设置标题字体为华文新魏，字号为 96，字体颜色为标准色中的深红，单击"加粗"按钮；单击"绘图工具｜格式"选项卡｜"艺术字样式"组｜文本效果列表｜"发光"｜"发光：8 磅；金色，主题色 4"。

② 单击"插入"选项卡｜"媒体"组｜"音频"｜"PC 上的音频"，打开"插入音频"对话框，选择素材文件夹中的图片"背景音乐 .mp3"，单击"插入"按钮；选中声音图标，单击"音频工具｜播放"选项卡｜"音频选项"组｜开始列表｜"自动"，勾选"跨幻灯片播放"和"放映时隐藏"复选项，适当调整音频图标的大小和位置。

（2）编辑第 2 张幻灯片。

① 单击"开始"选项卡｜"幻灯片"组｜"版式"｜"两栏内容"；选中标题，单击"开始"选项卡｜"字体"组｜"加粗"按钮和"阴影"按钮；单击"段落"组｜"右对齐"按钮；单击"绘图工具｜格式"选项卡｜"艺术字样式"组｜文本效果列表｜"映像"｜"紧密映像：8 磅 偏移量"。

② 选中幻灯片左侧的文本占位符，单击"绘图工具｜格式"选项卡｜"形状样式"组｜"形状轮廓"｜"粗细"｜"3 磅"，同时选择标准色中的深红；单击"形状效果"｜"阴影"｜"外部"｜"偏移：右下"。

③ 单击幻灯片右侧内容占位符中的 SmartArt 图标，打开"选择 SmartArt 图形"对话框，单击"列表"｜"垂直曲形列表"，单击"确定"按钮；选中 SmartArt 图形，单击"SmartArt 工具"｜"设计"选项卡｜"创建图形"组｜"添加形状"列表｜"在后面添加形状"，并在添加的形状中输入相应的文本。

④ 选中 SmartArt 图形，单击"SmartArt 工具｜设计"选项卡｜"SmartArt 样式"组｜"更改颜色"｜"彩色 – 个性色"；选择样式库中的"细微效果"选项。

⑤ 选中标题，单击"动画"选项卡｜"高级动画"组｜"添加动画"｜"动作路径"｜"直线"；单击"动画"组｜"效果选项"｜"方向"｜"靠左"。

⑥ 选中幻灯片左侧文本，单击"动画"选项卡｜"高级动画"组｜"添加动画"｜"更多强调效果"，打开"添加强调效果"对话框，选择"细微"中的"画笔颜色"；单击"计时"组｜开始列表｜"与上一动画同时"，设置"持续时间"为"00.75"。

⑦ 选中幻灯片右侧 SmartArt 图形，单击"高级动画"组｜"添加动画"｜"进入"｜"擦除"；单击"动画"组｜"效果选项"｜"方向"｜"自左侧"和"序列"｜"逐个"；单击"计时"组｜"开始"｜"上一动画之后"。

（3）编辑第 3 张幻灯片。

① 单击"设计"选项卡｜"主题"组｜主题列表，在"环保"主题上右击，在弹出的快捷菜单中选择"应用于选定幻灯片"命令。

② 单击幻灯片内容占位符中的图表图标，打开"插入图表"对话框，单击"条形图"｜"簇状条形图"，单击"确定"按钮；打开素材文件夹中的工作薄"源数据"，选中并复制所有数

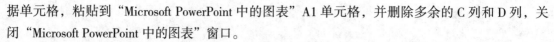

据单元格，粘贴到"Microsoft PowerPoint 中的图表"A1 单元格，并删除多余的 C 列和 D 列，关闭"Microsoft PowerPoint 中的图表"窗口。

③ 选中图表，单击"图表工具|设计"选项卡|"图表布局"组|"添加图表元素"|"图表标题"|"无"；单击"数据标签"|"数据标签外"。

④ 在数据标签上右击，在弹出的快捷菜单中选择"设置数据标签格式"命令，打开"设置数据标签格式"窗格，设置数字类别为"百分比"，小数位数为 2 位。

⑤ 选中图表，单击"图表工具|格式"选项卡|"形状样式"组|"形状效果"|"阴影"|"偏移：右下"。

（4）单击"切换"选项卡|"切换到此幻灯片"组|"淡入/淡出"，单击"计时"组|"应用到全部"按钮。

（5）单击快速访问工具栏中的"保存"按钮，保存当前文档。

●扫码练习

第5章习题

第6章

计算机网络

学习目标

- 掌握计算机网络的概念、分类与功能。
- 熟悉计算机局域网基础。
- 掌握 Internet 基础、服务与应用。
- 掌握网络安全的基本知识与防范措施。

随着人类社会的不断进步、经济的迅猛发展以及计算机的广泛应用，人们对信息的需求越来越强烈，为了更有效地传送和处理信息，计算机网络应运而生并广泛应用于科研、教育、企业生产与经营管理、信息服务等各个方面。

6.1 计算机网络概述

6.1.1 计算机网络的概念

计算机网络一般采用通信线路和通信设备，将分布在不同地点的具有独立功能的多个计算机系统连接起来，在网络软件的支持下，实现彼此之间的数据通信和资源共享。

6.1.2 计算机网络的分类

1. 按地理范围分类

依据网络覆盖的地理范围，可以将计算机网络分为局域网、城域网和广域网 3 类。

局域网（Local Area Network，LAN），它是连接近距离计算机的网络，覆盖范围从几米到数千米。例如，办公室或实验室的网络、同一建筑物内的网络及校园网等。

城域网（Metropolitan Area Network，MAN），它是介于广域网和局域网之间的一种高速网络，覆盖范围为几十千米，大约是一个城市的规模。

广域网（Wide Area Network，WAN），它的覆盖范围从几十千米到几千千米，覆盖一个地区、国家或横跨几个洲，形成国际性的远程网络。例如，我国的公用数字数据网（CHINADDN）、电话交换网（PSTN）等。

在网络技术不断更新的今天，用网络互连设备将各种类型的局域网、城域网和广域网互连起来，形成了称为国际互联网的网中网。互联网的出现，使计算机网络从局部到全国，进而将全世界连接起来，这就是 Internet 网。

2. 按拓扑结构分类

拓扑结构是网络的物理连接形式，如果不考虑网络的实际地理位置，把网络中的计算机看作结点，把通信线路看作连线，这就抽象出计算机网络的拓扑结构。常见的计算机网络拓扑结构主要有总线结构、星状结构、环状结构、树状结构和网状结构 5 种，如图 6-1~ 图 6-5 所示。

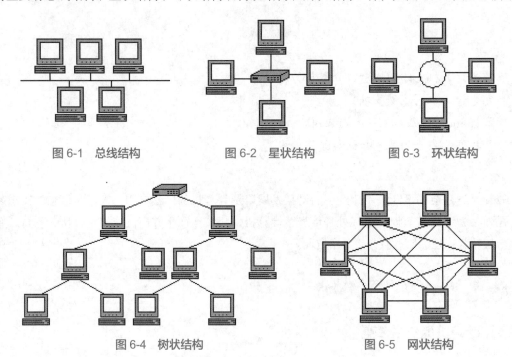

图 6-1　总线结构　　　　图 6-2　星状结构　　　　图 6-3　环状结构

图 6-4　树状结构　　　　　　　图 6-5　网状结构

总线、星状、环状拓扑结构常用于局域网的连接，网状拓扑结构常用于广域网的连接。不同的网络拓扑结构对网络性能的影响也是不同的。

3. 按传输介质分类

传输介质是传输信息的载体，即将信息从一个结点向另一个结点传送的连接线路。常用的传输介质可以分为有线传输介质和无线传输介质两种，有线传输介质包括同轴电缆、双绞线、光纤等；无线传输介质包括无线电波、微波、红外线、蓝牙、可见光等。

6.1.3　计算机网络的功能

建立计算机网络的主要目的是实现数据通信和资源共享，计算机网络的功能主要体现在以下几个方面。

1. 信息交换

信息交换是计算机网络最基本的功能，主要完成网络中各个结点之间的数据通信。计算机网络提供了信息交换快捷、方便的途径，人们可以在网络中传送电子邮件、发布新闻消息、进行电子商务活动、开展远程教育等。

2. 资源共享

资源共享是计算机网络最本质的功能。所谓"资源"是指计算机系统的软件、硬件和数据等，所谓"共享"是指网络内用户能享受网络中各个计算机系统的全部或部分资源。

3. 分布式处理

分布式处理是近年来计算机应用研究的重点课题之一，是指将不同地点，或具有不同功能，或拥有不同数据的多台计算机用通信网络连接起来，在控制系统的统一管理控制下，协调地完成信息处理任务的计算机系统。

6.2　计算机局域网基础

6.2.1　局域网概述

1. 局域网的概念

局域网（Local Area Network）是在一个局部的地理范围内（如一所学校、工厂和机关内），将各种计算机、外部设备和数据库等互相连接起来组成的计算机通信网，简称 LAN。

局域网在计算机网络中占有非常重要的地位，局域网技术也得到了飞速的发展和普及，目前已经被广泛地应用于各行各业，以达到资源共享、信息传递和远程数据通信的目的。目前的局域网大多数是由双绞线、光纤等组建而成。

局域网是计算机网络的一种，它既具有一般计算机网络的特征，又具有以下独有的特点。

（1）覆盖较小的地理范围。一般只在一个相对独立的局部范围内，如一座建筑或集中的建筑群内。

（2）使用专门铺设的传输介质进行联网，其建网周期短、成本低、易于维护和扩展。

（3）传输速率高（100 Mbit/s、1 000 Mbit/s、10 000 Mbit/s），通信延迟时间短，可靠性较高。

2. 网络常用硬件

1）双绞线

双绞线俗称网线，是目前局域网中最常使用的传输介质。它由 4 组绞线对组成，传输距离小于 100 m，目前常用的为超五类和六类双绞线，如图 6-6 所示。

2）光纤

光纤是光导纤维的简称，是一种利用光在纤维中的全反射原理而制成的光传导工具。它不再使用电子信号来传输数据，而是使用光脉冲来传输数据。由于光在光导纤维中的传导损耗比电在电线中的传导损耗低得多，因此光纤被用作长距离的信息传递。

3）网络适配器

网络适配器俗称网卡，它一般插在计算机主板的扩展槽中或集成在主板上，是局域网中连接计算机和传输介质的接口，如图 6-7 所示。

图 6-6　双绞线

图 6-7　PCI 网络适配器

4）交换机

交换机是在局域网中广为使用的网络设备，能为网络中提供更多的连接端口，以便连接更多的计算机，并将接收到的数据转发到相应端口，它可以为接入交换机的任意两个网络节点提供独享的电信号通路，如图 6-8 所示。

5）路由器

路由器用于连接不同协议的网络，实现网络间路由的选择，还兼有网关和网桥的功能。随着笔记本电脑和无线局域网络的普及，目前无线路由器的使用率逐年增加，如图 6-9 所示。

图 6-8　以太网交换机

图 6-9　无线路由器

6.2.2　简单局域网的组建

1. 简单局域网的组建

组建计算机局域网的硬件通常包括：计算机、网线（带有 RJ-45 水晶头）、交换机。

局域网的组建方法如下：

（1）将网线的一端插入到计算机的网卡端口，另一端插入到交换机的 RJ-45 端口。

（2）连接所有计算机与交换机后，接通交换机电源，并开启所有计算机。

（3）观察交换机上的指示灯，如果连接网线的端口指示灯全部亮起，则网络连接正常，硬件环境组建完成；如果连接网线的端口指示灯有不亮的情况，则网络连接异常，需要查找并解决问题。

（4）对局域网中的所有计算机进行网络 TCP/IP 协议的配置。

2. 网络 TCP/IP 协议的配置

一般情况下，安装计算机操作系统的过程中会自动检测网卡，并安装相应的网络组件，进行默认配置。

如果局域网不采用动态主机配置协议（DHCP）服务器来自动分配 IP 地址，则需要对每台计算机的 TCP/IP 协议进行相应的配置。具体操作方法如下：

（1）单击"开始"|"设置"按钮，在打开的 Windows 设置窗口中选择"网络和 Internet"选项。

（2）在打开的网络设置窗口中选择"状态"分类，在右侧单击"更改适配器选项"，打开"网络连接"窗口。

（3）在"以太网"图标上右击，在弹出的快捷菜单中选择"属性"命令，打开"以太网属性"对话框。

（4）在"网络"选项卡中，选中"Internet 协议版本 4（TCP/IPv4）"选项，单击"属性"按钮，打开"Internet 协议版本 4（TCP/IPv4）属性"对话框，如图 6-10 所示。

（5）选择"使用下面的 IP 地址"和"使用下面的 DNS 服务器地址"选项，在"IP 地址""子网掩码""默认网关""首选 DNS 服务器""备用 DNS 服务器"的文本框中输入网络管理员提供的参数，单击"确定"按钮，如图 6-11 所示。

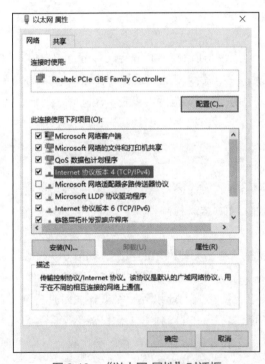

图 6-10　"以太网 属性"对话框

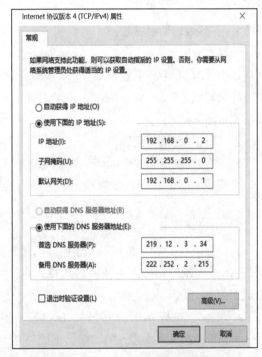

图 6-11　"Internet 协议版本 4（TCP/IPv4）属性"对话框

3. 网络排障命令

在命令行模式下，可以用一些命令来解决比较基本的网络问题。

（1）ipconfig，显示计算机中网络适配器的 IP 地址、子网掩码及默认网关，这些信息是排除网络故障的必要元素。常用参数如下：

- /all：显示完整配置信息。
- /release：释放指定适配器的 IPv4 地址。
- /renew：更新指定适配器的 IPv4 地址。

（2）ping IP 地址或域名，向目标主机发送数据包，并且要求目标主机在收到数据包时给予答复，来判断本机是否与目标主机相互联通以及网络的响应时间。常用参数如下：

- –t：ping 指定的主机，直到停止。如果需要查看统计信息并继续操作，则按【Ctrl+Break】组合键；如果需要停止，则按【Ctrl+C】组合键。
- –n count：需要发送的数据包请求数。

（3）tracert IP 地址或域名，显示数据包从本地到目的 IP 之间所经过的所有结点，并显示到达每个结点的时间。常用参数如下：

- –d：不将 IP 地址解析成主机域名。
- –h maximum_hops：搜索目标的最大跃点数。

（4）nslookup，诊断域名系统（DNS）基础结构的信息，可以查询域名所对应的 IP。

6.2.3 无线局域网

1. 无线局域网的概念

无线局域网（Wireless Local Area Networks）是利用无线通信技术在一定的局部范围内建立的网络，是计算机网络与无线通信技术相结合的产物，它以无线多址信道作为传输媒介，提供传统有线局域网（Local Area Network）的功能，能够使用户在一定范围内真正实现随时、随地、随意的宽带网络接入。

2. 无线局域网常用硬件

1）无线控制器（Wireless Access Point Controller）

无线控制器（AC）负责管理某个区域内无线网络中的无线接入点（AP）。主要功能包括：对多个不同 AP 下发配置、修改配置、射频智能管理、用户接入控制等。

2）无线接入点（Access Point）

无线接入点（AP）是用于无线网络的无线交换机，也是无线网络的核心，如图 6-12 所示。无线 AP 是移动终端进入有线网络的接入点，主要用于宽带家庭、大楼内部以及园区内部，一般覆盖距离为几十米至上百米。有一类 AP 除了具有无线接入功能以外，一般还同时具备 WAN 和 LAN 端口、支持 DHCP 服务器、DNS 服务器等管理功能，可以独立工作，俗称"胖 AP"；另一类 AP 仅具有无线接入的功能，不能独立工作，它的管理功能由 AC 在后端完成，俗称"瘦 AP"。一般小规模组网采用"胖 AP"；规模稍微大一些采用"瘦 AP"。

3）无线网卡（Wireless LAN Card）

无线网卡与传统网卡的区别在于前者传送信息是通过无线电波，而后者是通过一般的网线。其适用接口有 PCMCIA、PCI、USB 等，如图 6-13 所示。

图 6-12　无线接入点　　　　　　　　　　图 6-13　无线网卡

4）POE（Power Over Ethernet）交换机

POE 交换机是指在现有的以太网布线基础架构不作任何改动的情况下，在为一些基于 IP 的终端传输数据信号的同时，还能为此类设备提供直流供电的交换机。

3. 简单无线局域网的组建

目前，无线局域网作为有线局域网的一种补充和扩展已被广泛应用。在小型无线网络组建的过程中，可将 AP 通过网线接入有线局域网的 POE 交换机，经过基本配置后，即完成了简单无线局域网的组建。使用带有无线网卡的终端通过 AP 接入无线局域网，即可访问网络资源。如图 6-14 所示为简单无线局域网的连接。

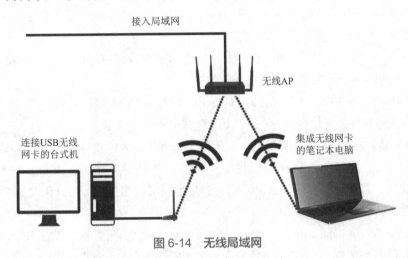

图 6-14　无线局域网

6.3 | Internet 基础

Internet 中文名称为因特网，它连接了全球不计其数的计算机与网络，是世界上发展速度最快、应用最广泛、覆盖范围最大的公共计算机信息网络系统，它遵从 TCP/IP 协议，提供了数万种服务，被称为未来信息高速公路的雏形。

6.3.1　Internet 概述

60 年代开始，美国国防部的高级研究计划局（Advance Research Projects Agency，ARPA）建立了 ARPANET。1969 年 12 月，ARPANET 投入运行，建成了一个由 4 个结点连接的实验性网络。到 1983 年，ARPANET 已连接了 300 多台计算机，供美国各研究机构和政府部门使用。1983 年，原来的 ARPANET 分裂为两个网络，其一是原本在国防部数据网络中未保密的部分，称为 MILNET，其二则是一个新的、较小的 ARPANET，两个网络之间可以进行数据通信和资源共享。由于这两个网络都是由许多网络互连而成的，因此它们都被称为 Internet。

1986 年，美国国家科学基金会（National Science Foundation，NSF）建立了自己的计算机通信网络 NSFNET，并逐渐取代了 ARPANET 在 Internet 的地位。到 1990 年，在历史上起过重要作用的 ARPANET 正式宣布关闭。随着 NSFNET 的建设和开放，网络结点数和用户数迅速增长，以美国为中心的 Internet 网络互联也迅速向全球发展，世界上的许多国家纷纷接入到 Internet，使网络上的通信量急剧增大。

我国于 1994 年正式接入 Internet，国内主干网的建设从 20 世纪 90 年代初开始，到 20 世纪末，已先后建成中国科技网（CSTNET）、中国教育和科研网（CERNET）、中国金桥网（CHINAGBN）以及中国计算机互联网（CHINANET）四大中国互联网主干网。

6.3.2　Internet 技术要点

1. Internet 的接入方式

接入 Internet 并不像连接本地计算机网络那样简单，它不仅需要许多软硬件的支持，还需要提供服务的 Internet 服务供应商（Internet Service Provider，ISP），用户根据实际情况选择不同的接入方式。目前常用的 Internet 接入方式有以下 5 种。

（1）DDN（Digital Data Network）专线接入方式。DDN（数字数据网）是一种数字传输网络，可以以更高、更稳定的速率在数字信道上传输数据。

（2）Cable-Modem 接入方式。Cable-Modem（线缆调制解调器）是一种超高速 Modem，它利用现有的有线电视网进行数据传输，已经是比较成熟的一种技术。

（3）LAN 接入方式。LAN（局域网）接入方式是利用以太网技术，采用"光缆 + 双绞线"的方式对社区进行综合布线。LAN 接入方式技术成熟、成本低、结构简单、稳定性好、可扩充性好，可以提供智能化、信息化的办公与家居环境，满足不同层次的用户对信息化的需求，相比其他的接入方式更加经济。

（4）PON（Passive Optical Network）接入方式。PON（无源光纤网络）技术是一种一点对多点的光纤传输和接入技术，具有节省光缆资源、带宽资源共享、节省机房投资、设备安全性高、建网速度快、综合建网成本低等优点。

（5）无线接入方式。无线接入方式是指从业务结点到用户终端之间的全部或部分传输设施采用无线手段，向用户提供固定和移动接入服务的技术。

2. IP 地址和域名系统

Internet 的网络地址是指连入 Internet 计算机的地址编号，能够唯一标识一台计算机，网际协议（IP）将用户信息的数据包从一处移至另一处，因此 Internet 中的计算机地址编号被称为 IP 地址。

现有的 Internet 是在 IPv4 协议的基础上运行，为了扩大地址空间，互联网工程任务组（Internet Engineering Task Force，IETF）设计了 IPv6 协议，用于替代现行版本 IPv4 协议。IPv4 采用 32 位地址长度，大约有 43 亿个地址，而 IPv6 采用 128 位地址长度，几乎可以不受限制地提供地址。本书中介绍的是 IPv4 地址。

1）IP 地址的格式

IP 地址占用 4 个字节（32 个二进制位），用 4 组十进制数字表示，每组数字的取值范围为 0 ~ 255，相邻两组数字之间用圆点分隔，如 202.99.96.104。

2）IP 地址的类型

IP 地址由两部分组成：一部分为网络地址，另一部分为主机地址。根据网络规模和应用的不同，将 IP 地址分为 A~E 共 5 类，常用的是 A、B、C 类，如表 6-1 所示。

表 6-1　IP 地址类型和应用

类　　型	第一字节数字范围	应　　用
A	1 ~ 126	大型网络
B	128 ~ 191	中等规范网络
C	192 ~ 223	小型

为了确保 Internet 中 IP 地址的唯一性，IP 地址由 Internet IP 地址管理组织统一管理发放，如果需要建立网站，需向管理本地区的网络机构申请和办理 IP 地址。

3）域名系统

用数字表示的 IP 地址不便于记忆，为了使 IP 地址便于用户使用，同时也利于维护和管理，Internet 建立了域名系统（Domain Name System，DNS），将域名与 IP 地址一一对应。该系统用分层的命名方法赋予网络中的每台计算机一个唯一的标识名，称为域名。其基本结构如下：

主机名 . 单位名 . 类型名 . 国家代码

例如，新浪网站的域名为 www.sina.com.cn。

国家代码又称为顶级域名，由于 Internet 起源于美国，所以美国没有国家代码。常见的部分国家代码如表 6-2 所示。

表 6-2　部分国家代码

国家	中国	瑞典	英国	法国	德国	日本	加拿大	澳大利亚
国家代码	cn	se	uk	fr	de	jp	ca	au

类型名又称为二级域名，表示主机所在单位的类型。我国的二级域名分为类别域名和行政区域名两种，常见的二级域名如表 6-3 和表 6-4 所示。

表 6-3　中国类别域名

类 别 域 名	使 用 范 围	类 别 域 名	使 用 范 围
edu	教育机构	org	非营利性组织
gov	政府机构	ac	科研机构
mil	国防机构	政务	中国党政群机关
net	网络服务机构	公益	公益机构
com	工商机构		

表 6-4　中国部分行政区域名

行政区域名	含　　义	行政区域名	含　　义
bj	北京市	sx	山西省
sh	上海市	ln	辽宁省
tj	天津市	zj	浙江省

续表

行政区域名	含　义	行政区域名	含　义
cq	重庆市	jl	吉林省
hb	河北省		

我国的域名注册由中国互联网络中心（CNNIC）统一管理，注册的单位名和主机名由网络用户确定。例如，可以用主机的商标作为主机名，也可以用主机所在部门名称的缩写作为主机名。

4）URL 地址和 HTTP

在 Internet 中，每一个信息资源都有唯一的地址，该地址被称为统一资源定位符（Uniform Resource Locator，URL）。URL 由 3 部分组成：资源类型、存放资源的主机域名和资源文件名。例如，http://www.baidu.com/index.htm，其中 http 表示该资源类型是超文本信息，www.baidu.com 是百度的主机域名，index.htm 是资源文件名。

3. Internet 网络协议

Internet 中的网络协议统称为 Internet 协议簇，其中包括传输控制协议（Transmission Control Protocol，TCP）、网际协议（Internet Protocol，IP）、网际控制报文协议（Internet Control Message Protocol，ICMP）、数据报文协议（User Datagram Protocol，UDP）等。其中 TCP 和 IP 是最基本的、最主要的两个协议，所以习惯上又称整个 Internet 协议簇为 TCP/IP 协议簇。

TCP/IP 是一组计算机通信协议的集合，其目的是允许互相合作的计算机系统通过网络共享彼此的资源。TCP/IP 协议分为 4 层：应用层（Application Layer）、传输层（Transport Layer）、网络层（Internet Layer）和网络接口层（Network Interface Layer）。

6.3.3　移动互联网概述

1. 移动互联网的概念

移动互联网是移动通信技术和互联网技术融合的产物，继承了移动网的实时性、隐私性、便携性、准确性、可定位和互联网分享、开放、互动的优势，是整合了两者优势的网络，即运营商提供无线接入，互联网企业提供各种成熟的应用。

2. 移动互联网的特征

移动终端是移动互联网时代的主要终端载体，根据移动终端以及移动应用的特点，移动互联网主要有以下特征。

（1）终端可移动性。移动互联网业务使得用户可以在移动状态下接入互联网服务，便于随身携带和随时使用移动终端。

（2）业务使用的私密性。相对于普通互联网而言，移动互联网业务更具有个人化、私密性的特点。例如，手机终端的应用。

（3）地理位置特性。移动终端可以通过基站定位、GPS 定位或混合定位获取使用者的位置，可以根据不同的位置提供个性化的服务。

（4）终端和网络的局限性。移动互联网业务受网络能力（如无线网络传输环境、技术能力等）和终端能力（如终端大小、处理能力、电池容量等）的限制。

6.4 Internet 服务与应用

6.4.1　WWW 服务

WWW（World Wide Web）译为"万维网"，简称 Web 或 3W，是由欧洲粒子物理研究中心（The European Laboratory for Particle Physics）于 1989 年提出并研制的基于超文本方式的大规模、分布式信息获取和查询系统，是 Internet 的应用和子集。

WWW 提供了一种简单、统一的方法来获取网络中丰富的信息，它屏蔽了网络内部的复杂性，可以说 WWW 技术为 Internet 的全球普及扫除了技术障碍，促进了网络的飞速发展，并已成为 Internet 最有价值的服务。

WWW 的客户端软件通常称为 WWW 浏览器，简称浏览器。它是一种可以显示网页服务器或文件系统的 HTML 文件内容，并让用户与这些文件进行交互的软件。计算机上常见的浏览器包括微软 IE 和 Edge、Firefox、360 安全浏览器、QQ 浏览器等，其中 IE 在全球使用最广泛。而运行 Web 服务器软件，并且有超文本和超媒体驻留其中的计算机被称为 WWW 服务器或 Web 服务器，它是 WWW 的核心部件。浏览器和服务器之间通过超文本传输协议（Hyper Text Transfer Protocol，HTTP）进行通信和对话。用户通过浏览器建立与 WWW 服务器的连接，交互地浏览和查询信息。

6.4.2　搜索引擎服务

随着信息化和网络化进程的推进，Internet 中的各种信息呈指数级增长，面对大量的、无序的资源，信息检索系统应运而生。搜索引擎是指以一定策略从因特网搜集、发现信息，经过对信息进行一定整理后，提供给用户进行检索、查询的系统。常用的 Internet 搜索引擎有百度（https://www.baidu.com）、搜狗搜索（https://www.sogou.com）、360 搜索（https://www.so.com）等。

根据搜索引擎所基于的技术原理，可以把它们分为 3 大主要类型：全文搜索引擎（Full Text Search Engine）、目录索引类搜索引擎（Search Index/Directory）和元搜索引擎（Meta Search Engine）。

6.4.3　电子商务

电子商务通常是指在全球各地广泛的商业贸易活动中，在 Internet 开放的网络环境下，买卖双方不谋面地进行各种商贸活动，实现消费者的网上购物、商户之间的网上交易和在线电子支付以及各种商务活动、交易活动、金融活动和相关的综合服务活动的一种新型商业运营模式。例如，消费者借助网络进入互联网购物平台进行消费：消费者首先通过互联网购物平台检索商品信息，并通过电子订购单发出购物请求，然后通过私人银行卡或信用卡进行转账，厂商通过邮寄的方式发货，或通过快递公司送货上门。

6.4.4　远程教育

远程教育是随着现代信息技术的发展而产生的一种新型教育方式，通过音频、视频（直播或录像）以及包括实时和非实时在内的计算机技术把课程传送到校园外的教育。远程教育是以现代远程教育手段为主，兼容面授、函授和自学等传统教学形式，多种媒体优化组合的教育方式。计算机技术、多媒体技术、通信技术的发展，特别是因特网（Internet）的迅猛发展，使远程教育的手段有了质的飞跃。

6.4.5 即时通信

即时通信（Instant Messenger，IM）是目前 Internet 中最为流行的通信方式，是指能够即时发送和接收互联网消息的业务，允许两人或多人使用网络即时地传递文字、语音、视频与文档等信息。随着即时通信功能的日益丰富，即时通信不再是一个单纯的聊天工具，它已经发展成为集交流、资讯、娱乐、搜索、电子商务、办公协作和企业客户服务等为一体的综合化信息平台。

6.5 网络安全

随着网络技术的发展与应用，网络安全方面面临的问题也日益加剧。网络服务器可能会受到来自世界各地的各种人为攻击（造成如信息泄露、信息窃取、数据篡改、数据删添、感染计算机病毒等后果）。同时，网络硬件还要经受诸如水灾、火灾、地震、电磁辐射等方面的考验。

6.5.1 网络安全含义

网络安全是指保护网络系统中的硬件、软件及数据，避免其因偶然的或恶意的原因遭到破坏、更改、泄露，保证网络系统能够连续、可靠、正常地运行。网络安全本质上是网络信息的安全问题，从广义上讲，凡是涉及网络信息的保密性、完整性、可用性、真实性和可控性的相关技术及理论都是网络安全的研究领域，而且因各主体所处的角度不同，对网络安全有不同的理解。

网络安全主要存在以下 6 个方面的威胁：物理安全威胁、操作系统的安全缺陷、网络协议的安全缺陷、应用软件的实现缺陷、用户使用的缺陷和恶意程序。

6.5.2 网络安全特征

网络安全一般具有以下 5 个方面的基本特征。

（1）保密性，指信息不泄露给非授权个人、实体或过程，或供其利用的特性。

（2）完整性，指信息未经授权不能进行改变，即信息在传输、交换、存储和处理过程中保持非修改、非破坏和非丢失的特性。

（3）可用性，指信息可被授权实体正确访问，并按要求能正常使用或在非正常情况下能恢复使用的特性。

（4）可控性，指对流通在网络系统中的信息传播以及具体内容能够实现有效控制的特性。

（5）不可否认性，指通信双方在信息交换过程中，确信参与者本身，以及参与者所提供的信息的真实同一性，即所有参与者不能否认和抵赖曾经完成的操作和承诺。

6.5.3 网络安全服务

为了保证网络或数据传输足够安全，计算机网络应该能够提供以下安全服务。

（1）实体认证。这是防止主动攻击的重要防御措施，对保障开放系统环境中各种信息的安全意义重大。认证就是识别和证实，识别是辨别一个实体的身份；证实是证明实体身份的真实性。OSI（Open System Interconnect）环境提供了实体认证和信源认证的安全服务。

（2）访问控制。访问控制是指控制与限定网络用户对主机、应用或网络服务的访问。这种服务可以提供给单个用户或用户组中的所有用户。常用的访问控制服务是通过用户的身份确认与访问权限设置来确定用户身份的合法性，以及对主机、应用或服务访问的合法性。

（3）数据保密性。其目的是保护网络中系统之间交换的数据，防止因数据被截获而造成的泄密。数据保密性又分为信息保密、选择数据段保密和业务流保密等。

（4）数据完整性。这是针对非法地篡改信息、文件和业务流程设置的防范措施，以保证资源可获得性。数据完整性又分为连接完整性、无连接完整性、选择数据段有连接完整性与选择数据段无连接完整性。

（5）防抵赖。这是针对对方进行抵赖的防范措施，可以用来证实发生过操作。防抵赖又分为对发送防抵赖和对接收防抵赖。

（6）审计与监控。这是提高安全性的重要手段。它不仅能够识别谁访问了系统，还能指出系统如何被访问。因此，除使用一般的网管软件和系统监控管理软件外，还应使用目前较为成熟的网络监控设备或实时入侵检测和漏洞扫描设备。

6.5.4 防止网络攻击

网络的入侵者主要有两类：一类入侵者以保护网络为目的，是指那些检查系统完整性和安全性的人，他们通常具有硬件和软件的专业知识，并且有能力通过创新的方法剖析系统、查找网络漏洞，使网络趋于完善和安全；另一类入侵者以破坏网络为目的，是指那些利用网络漏洞破坏网络的人，这类入侵者被称为"黑客"，用户需要防范的主要目标是黑客。

1. 网络攻击的常见方法

常见的网络攻击方法如下：

（1）盗取口令。盗取口令的方法有 3 种：一是通过网络监听，非法获得用户口令；二是获取用户账号后，利用一些专门的软件强行破解用户口令；三是获得一个服务器上的用户口令文件后，用暴力破解程序来破解用户口令。

（2）放置特洛伊木马程序。它常被伪装成工具程序或游戏等诱使用户打开带有特洛伊木马程序的邮件附件或从网上直接下载，一旦用户打开了这些邮件附件或执行了这些程序，它会在计算机系统中隐藏一个可以在操作系统启动时悄悄执行的程序，从而达到控制计算机的目的。

（3）WWW 欺骗技术。黑客将用户浏览网页的 URL 改写为指向黑客自身的服务器，当用户浏览目标网页时，实际上是向黑客服务器发出请求，达到欺骗用户的目的。

（4）电子邮件攻击。电子邮件攻击主要表现为两种方式：一是邮件炸弹，是指用伪造的 IP 地址和电子邮件地址向同一信箱发送无穷多次内容相同的垃圾邮件，致使受害人的邮箱被"炸"，

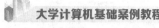

严重者可能会给电子邮件服务器的操作系统带来危险，甚至瘫痪；二是电子邮件欺骗，攻击者佯称自己是系统管理员，对用户进行欺骗。

（5）通过一个结点来攻击其他结点。黑客在突破一台主机后，往往以此台主机作为根据地，攻击其他主机。

（6）网络监听。网络监听是主机的一种工作模式，在这种模式下，主机可以接收到本网段在同一条物理通道上传输的所有信息，而不管这些信息的发送方和接收方是谁。监听者往往能够获得其所在网段的所有用户账号及口令。

（7）寻找系统漏洞。许多系统都存在安全漏洞（Bugs），其中有些漏洞是操作系统或应用软件本身存在的。

（8）利用操作系统提供的默认账户和密码进行攻击。

2. 防范网络攻击的常见措施

用户可以从网络服务器和个人计算机两个方面防范网络攻击。

1）网络服务器的安全措施

（1）及时下载并安装操作系统补丁。不论是 Windows 还是 Linux，任何操作系统都有漏洞，及时地打上补丁避免漏洞被蓄意攻击利用，是网络服务器安全最重要的保证之一。

（2）安装和设置防火墙。对网络服务器安全而言，操作系统都有相应的软件防火墙，安装并合理配置防火墙非常必要，防火墙对于非法访问具有很好的防护效果。

（3）安装和使用网络杀毒软件。网络的出现加速了计算机病毒的传播和蔓延，病毒对网络服务器的安全有严重的威胁，需要在网络服务器上安装网络版杀毒软件来控制病毒传播，在使用过程中，需要定期或及时升级杀毒软件，并且每天自动更新病毒库。

（4）关闭不需要的服务和端口。网络服务器的操作系统在安装时，会启动一些默认的服务，这样会占用系统的资源，同时也增加了系统的安全隐患。对于一段时间内完全不使用的服务器，可以完全关闭；对于需要使用的服务器，也应该关闭不必要的服务，如 Telnet 等，同时关闭不必要开的 TCP 端口。

（5）定期进行系统备份。防止不能预料的系统故障或误操作，必须对系统进行安全备份。制定合理系统备份计划，并尽可能将重要系统文件存放在不同的服务器上，以便出现系统崩溃时，可以及时地将系统恢复到正常状态。

（6）设置账号和密码保护。账号和密码保护可以说是网络服务器系统的第一道防线，目前网上大部分对网络服务器系统的攻击都是从截获或猜测密码开始。一旦黑客进入了系统，那么前面的防卫措施几乎就失去了作用，所以对服务器系统管理员的账号和密码进行管理是保证系统安全非常重要的措施，例如，避免使用弱口令、定期修改密码。

（7）定期检查系统日志。通过运行系统日志程序，系统会记录下所有用户使用系统的情形，包括最近登录时间、使用的账号、进行的活动等。日志程序会定期生成报表，通过对报表进行分析，可以及时发现异常现象。

2）个人计算机的安全措施

（1）关闭文件和打印共享。文件和打印共享是一个非常有用的功能，但其也是黑客入侵时可以利用的一个安全漏洞。所以在不使用文件和打印共享的情况下，应将其关闭。

（2）定期修改用户的口令（不长于三个月）。禁用 Guest 账号，杜绝 Guest 账户的入侵。

（3）安装必要的安全软件。如杀毒软件、防火墙软件等。

（4）不要轻易安装和运行从不知名的网站，特别是不可靠的 FTP 站点下载的软件和来历不明的软件。不要轻易打开陌生人发的电子邮件。

（5）安装最新的操作系统以及其他应用软件的安全和升级补丁。

案例 1 局域网内共享打印机

视频

局域网内共享打印机

案例描述

本案例要求在局域网内共享打印机。局域网内有两台计算机，计算机 A：计算机名为 JSJA，IP 地址为 192.168.2.2；计算机 B：计算机名为 JSJB，IP 地址为 192.168.2.3。

具体要求如下：

（1）共享连接在计算机 A 上的打印机 PRINTA。（提示：打印机驱动程序已经安装完毕，打印机名为 PRINTA，在计算机 A 上已经可以正常打印）

（2）在计算机 B 上添加共享的打印机，并测试其是否可以正常打印。

操作提示

（1）共享连接在计算机 A 上的打印机 PRINTA，需要对计算机 A 进行如下设置。

① 在"此电脑"图标上右击，在弹出的快捷菜单中选择"管理"命令，打开"计算机管理"窗口。首先在左侧窗格中选择"本地用户和组"|"用户"选项，然后在右侧窗格中双击"Guest 用户"选项，打开"Guest 属性"对话框，取消勾选"账户已禁用"复选项，启用 Guest 用户，如图 6-15 所示。

图 6-15 "Guest 属性"对话框

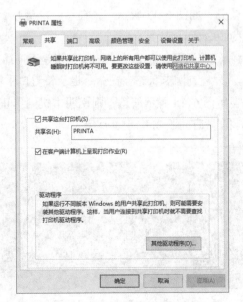

图 6-16 打印机属性对话框

② 单击"开始"|"设置"按钮，在打开的 Windows 设置窗口中选择"设备"选项。首先在打开的窗格中选择"打印机和扫描仪"分类，在右侧选择打印机"PRINTA"，单击"管理"按钮，在左侧选择"打印机属性"选项，打开打印机属性对话框。

③ 选择"共享"选项卡，单击"更改共享选项"按钮，勾选"共享这台打印机"复选项，在"共享名"文本框中输入"PRINTA"，单击"确定"按钮，打印机共享设置完成，如图 6-16 所示。

（2）在计算机 B 上添加共享的打印机，需要对计算机 B 进行如下设置。

单击"开始"|"Windows 系统"|"运行"选项，打开"运行"对话框，在文本框内输入"\\JSJA"或"\\192.168.2.2"，单击"确定"按钮，打开计算机 A 的共享窗口，在打印机"PRINTA"的图标上右击，在弹出的快捷菜单中选择"连接"选项，根据提示完成打印机的连接。

案例 2 使用命令测试网络的连通性

●视频

使用命令测试网络的连通性

案例描述

本案例要求使用命令对计算机网络进行测试。

具体要求如下：

（1）使用 ipconfig 命令，查看 TCP/IP 配置的详细信息。

（2）使用 ping 命令，测试网络是否连通。

（3）使用 tracert 命令，查看访问新浪网所选择的路径。

操作提示

（1）运行 ipconfig 命令，查看 TCP/IP 配置的详细信息。

单击"开始"|"Windows 系统"|"命令提示符"选项，打开"命令提示符"窗口。在窗口中输入命令"ipconfig"，按【Enter】键，即显示出本地计算机的 IP 地址、子网掩码、默认网关等信息，如图 6-17 所示。（提示：IP 地址为 192.168.66.6，子网掩码为 255.255.255.0，默认网关为 192.168.66.1）

（2）运行 ping 命令，测试网络是否连通。

① 检查网卡状态。在命令提示符窗口中输入命令"ping 192.168.66.6"，按【Enter】键，如果显示图 6-18 所示信息，则说明本机网卡正常；如果显示图 6-19 所示信息，则说明本机网卡安装配置有问题或 IP 地址冲突。

图 6-17　IP 地址等详细信息显示窗口

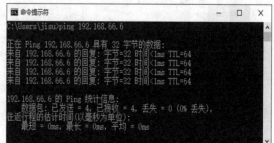

图 6-18　网卡状态正常信息显示窗口

② 检查本机到网关是否连通。在命令提示符窗口中输入命令"ping 192.168.66.1"，按【Enter】键，如果显示图 6-20 所示信息，则说明本机到网关连通正常；显示图 6-21 所示信息，则说明本机到网关连通存在问题。

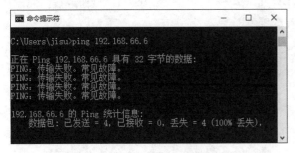

图 6-19　网卡状态异常信息显示窗口

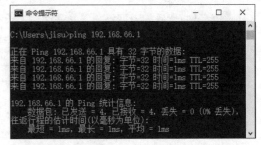

图 6-20　本机到网关连通正常信息显示窗口

（3）运行 tracert 命令，查看访问新浪网所采取的路径。

在命令提示符窗口中输入命令"tracert www.sina.com.cn"，按【Enter】键，显示图 6-22 所示信息。（提示：信息显示的是从本机访问新浪网所经过的所有网络路由，以及经过此路由所用时间。其中 * 号并不一定表示中断，而可能是某些目标主机做了限制。）

图 6-22　运行 tracert 命令信息显示窗口

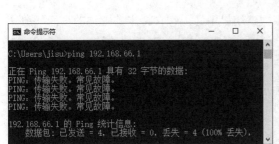

图 6-21　本机到网关连通异常信息显示窗口

案例 3　搜索引擎使用技巧

 案例描述

本案例要求使用搜索引擎进行信息检索。

具体要求如下：

（1）打开百度网站。

（2）使用百度检索信息。

（3）使用搜索技巧、搜索指令和高级搜索检索信息。

视频●········
搜索引擎使用技巧

操作提示

（1）打开浏览器，在地址栏中输入"https://www.baidu.com"，按【Enter】键，打开百度网站。

（2）在搜索框内输入需要搜索内容的关键词（如"新浪"），单击"百度一下"按钮或按【Enter】键，显示出搜索后的返回结果，如图6-23所示。

图6-23　搜索"新浪"的返回结果

（3）使用搜索技巧、搜索指令和高级搜索检索信息。

① +、–号的搜索技巧。"+"加号指令代表搜索结果中必须包含特定关键词的页面，加号后面紧跟着需要包含的词，加号可以用空格代替，例如，"新浪＋微博"，返回的结果则是包含"新浪"，同时也包含"微博"这个词的结果。"–"减号指令代表搜索结果不包含特定关键词的页面，使用这个指令时减号前面必需是空格，减号后面没有空格，紧跟着需求排除的词，例如，"新浪 – 微博"，返回的结果则是包含"新浪"这个词，却不包含"微博"这个词的结果。

② 使用搜索指令。"site"指令用来搜索某个域名在搜索引擎网站收录的所有资源，例如，"site:www.sina.com.cn"是指搜索www.sina.com.cn在搜索引擎网站收录的所有资源，如图6-24所示。

图6-24　site:www.sina.com.cn 搜索页面

③ 使用高级搜索。单击百度主页右上角"设置"按钮，选择"高级搜索"选项，弹出高级搜索页面，通过高级搜索设置，可以进行精确地搜索，如图 6-25 所示。

图 6-25 高级搜索页面

扫码练习

第6章习题

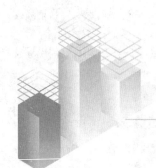

第 7 章
多媒体技术基础

学习目标

- 了解多媒体技术的发展和应用。
- 掌握多媒体技术的基本概念。
- 掌握数字图像的处理技术。
- 掌握数字音频的处理技术。
- 掌握数字视频的处理技术。

多媒体技术是融合了计算机、通信和数字化声像等技术的综合技术。它集文字、图形、图像、动画、声音和视频等媒体信息于一体，通过数字方式对各种媒体进行综合处理，广泛地应用于军事、教育、商业、电子出版物和通讯系统等多个领域。

7.1 多媒体基础知识

7.1.1 多媒体技术概述

1. 多媒体技术的定义

所谓媒体（Medium），是指承载和传输信息的载体。我们通常所说的媒体包括两种含义：一种含义是指承载信息的实体，如书本、磁盘、光盘等；另一种含义是指传递信息的载体，如文字、声音、图像等。多媒体计算机中所说的媒体是指后者。

多媒体一词来源于英文"Multimedia"，该词是由"Multiple"和"Media"复合而成的，即多种媒体的综合。多媒体是指融合两种或两种以上媒体的人机交互式信息交流和传播的媒体。

多媒体技术（Multimedia Technology）是指使用计算机对文字、图形、图像、声音、动画、视频等各种信息进行综合处理、建立逻辑关系和人机交互作用的综合技术。

新媒体是利用数字技术，通过互联网、宽带局域网、无线通信网、卫星等渠道，以及电脑、手机、数字电视机等终端，向用户提供信息和服务的传播形态，如数字杂志、数字电视、网络媒体、手机媒体等。

2. 媒体的分类

从媒体的应用范围来看，可以分为以下 5 类。

（1）感觉媒体，是指能直接作用于人的感觉器官，产生视觉、听觉、触觉和味觉等感觉的一类媒体，如文本、图形图像、视频及声音等。

（2）表示媒体，是指为了处理和传输感觉媒体而人为研究出来的媒体，通常表现为各种编码，如语言编码、电报码、条形码等。

（3）显示媒体，是指用于通信中使感觉媒体与电信号之间产生转换的媒体，即显示感觉媒体的物理设备。显示媒体可以分为输入显示媒体和输出显示媒体，如键盘、话筒、摄像机、显示器、音箱及打印机等。

（4）存储媒体，是指用来保存表示媒体的物理介质，如纸张、硬盘、磁盘及光盘等。

（5）传输媒体，是指通信网络中将信息从一处传送到另一处的物理载体，如电话线、同轴电缆、双绞线、光纤及电磁波等。

3. 多媒体技术的特点

多媒体技术具有以下特点。

（1）集成性，是多媒体区别于传统媒体的主要特点之一。集成性不仅是将多种媒体信息有机地组织在一起，而且还集成了多种多媒体技术。利用计算机技术、通信技术和其他处理技术，把文字、图像、声音、视频等不同类型的媒体有机地结合在一起，并在多任务系统下能够协调工作，有较好的同步关系。

（2）交互性，是多媒体区别于传统媒体的主要特点之一。在多媒体技术中，用户不仅可以通过计算机系统对多媒体信息进行加工、处理，还可以控制多媒体信息的输入、输出，实现用户和用户之间、用户和计算机之间的数据双向交流。

（3）实时性，是指在多媒体系统中，无论是时间上还是空间上都存在着紧密的联系。当用户给出操作命令时，相应的多媒体信息能够得到实时控制，接收到的各种信息媒体在时间上必须是同步的。例如，声音和视频要严格实时同步。

（4）多样性，是指计算机处理信息媒体的多样化。多媒体计算机不仅可以处理文字、图形、图像、声音、视频和动画等多种信息，还具备对这些信息的采集、传输、存储及显示等功能。

7.1.2　多媒体技术发展

多媒体技术涵盖的范围广、领域新，是一种多学科交叉、多领域应用的技术。随着网络技术的发展，多媒体技术也逐渐从单机向网络化发展，网络多媒体技术、虚拟现实技术等都成为多媒体技术研究的热点。

1. 网络多媒体技术

网络多媒体技术是一门综合的、跨学科的技术，它综合了计算机技术、网络技术、通信技术及多种信息科学领域的技术成果，目前已经成为世界上发展最快和最富有活力的高新技术之一。要在网络传输条件下实现多媒体技术，需要采用减小文件体积的数据压缩技术或流媒体技术。

2. 流媒体技术

传统的多媒体信息由于数据传输量大而与现实的网络传输环境产生了矛盾。流媒体技术是将动画、视频、音频等多媒体文件经过特殊的压缩方式分成一个个压缩包，由视频服务器向用户计算机连续、实时传递的网络传输技术。它可以使音频、视频及其他多媒体信息在网络上以实时的、无须下载等待的方式进行播放。

3. VR 技术

虚拟现实（Virtual Reality，VR），是利用计算机生成一种模拟环境，是一种多源信息融合的交互式的三维动态视景和实体行为的系统仿真。VR 技术综合了计算机仿真技术、三维计算机图形技术、人机接口技术、多媒体技术、传感技术、网络技术等，在多维信息空间上创建一个虚拟信息环境，能够为用户提供逼真的视觉、听觉、触觉等感官体验。

4. AR 技术

增强现实（Augmented Reality，AR），它通过电脑技术，将虚拟的信息应用到真实世界，真实的环境和虚拟的物体实时地叠加到了同一个画面或空间，同时存在。增强现实不仅展现了真实世界的信息，而且将虚拟的信息同时显示出来，两种信息相互补充、叠加。

5. MR 技术

混合现实（MIX Reality，MR），是指将现实世界和虚拟世界合并而产生新的可视化环境，并在新的可视化环境中实时互动。混合显示更像是虚拟现实和增强现实的结合，在虚拟的三维空间中实现了同时运行。

7.1.3　多媒体系统组成

完整的多媒体系统由多媒体硬件系统和多媒体软件系统两大部分组成。

1. 多媒体硬件系统

多媒体硬件系统除了需要较高配置的计算机主机外，还需要音频和视频处理设备、光盘驱动器及各种媒体输入输出设备等。多媒体硬件系统可以分为主机、多媒体输入设备、多媒体存储设备及多媒体接口设备 4 部分。

（1）主机。主机可以是大中型机，也可以是工作站、微型计算机和超级微机等，它是多媒体计算机的核心，目前普遍采用微型计算机。

（2）多媒体输入输出设备。多媒体输入输出设备除了常规的鼠标、键盘、显示器和打印机以外，还包括扫描仪、数码相机、触摸屏、麦克风、刻录机、绘图仪及音响等。

（3）多媒体存储设备。多媒体存储设备种类繁多，如光盘、U 盘、移动硬盘及存储卡等。

（4）多媒体接口设备。多媒体接口设备是能够为用户提供视觉、听觉、触觉的设备，如显卡、声卡、视频采集卡及通信卡等。

2. 多媒体软件系统

多媒体软件系统包括多媒体操作系统、多媒体驱动软件、多媒体数据准备软件、多媒体创作软件及多媒体应用软件 5 部分。

（1）多媒体操作系统是多媒体软件系统的核心。多媒体操作系统必须具备对多媒体数据和多媒体设备进行管理和控制的功能，具有综合使用各种媒体的能力，同时对硬件设备具有相对独立性和扩展性。

（2）多媒体驱动软件是多媒体硬件设备和多媒体软件的接口，它的主要功能是完成硬件设备的初始化和基本硬件功能的调用。

（3）多媒体数据准备软件是用来采集和加工多媒体数据的软件，如文字处理、视频采集、声音录制及图像扫描等。

（4）多媒体创作软件主要用于把各种多媒体数据按照应用的要求进行集成编辑，多数创作软件都支持多媒体开发的程序设计语言。

（5）多媒体应用软件是指由多媒体开发人员制作的多媒体程序或系统，如文化教育教学软件、光盘刻录软件等。

7.1.4　多媒体技术应用

多媒体技术是一种实用性很强的技术，它以直观性、实时性、便捷性和大存储量等优势，被广泛地应用于各行各业，给人类的发展带来了深远影响。其应用主要体现在以下方面。

（1）多媒体教学。运用多媒体技术对教学信息和教学资源进行设计、开发、运用和管理，改变教学信息的传递方式，为学生创造图文并茂、生动逼真的多媒体教学环境，能够有效激发学习者的积极性和主动性，提高教学效果。

（2）电子出版业。计算机和多媒体技术的普及大大促进了电子出版业的发展。同传统纸质书籍相比，电子出版物具有成本低、信息量大、易于检索等优点，阅读和存储也极为方便。

（3）商业和服务业。多媒体技术在商业和服务业中的应用，使得人们可以通过先进的数字影像设备、图文处理设备和多媒体计算机系统进行办公自动化、广告展示及各类交互式查询等服务，提高了工作的效率和质量。

（4）多媒体通信。多媒体通信是指在一次呼叫过程中能同时提供多种媒体信息的新型通信方式。它是通信技术、计算机技术和多媒体技术相结合的产物，涵盖了多媒体信件、数字化图书馆等领域。

（5）家用多媒体。数字化娱乐、休闲产品进入家庭是多媒体技术最广泛的应用，它使人们得到了更高品质的娱乐享受。人们可以通过电视、电脑、手机等设备接收多媒体数据，也可以通过网络实现数据共享。

（6）网络应用。多媒体技术的网络应用主要是以声音和图像为主的多媒体通信，如音视频点播、网络电话、视频会议、远程教学、虚拟现实等。

7.2　数字图像技术

图像是人类认识现实世界的重要信息形式，图像信息在多媒体应用中占有很大的比重。运用多媒体技术，可以对图像进行采集、分割、转换、压缩和恢复等必要的处理，以便生成人们所需的便于识别和应用的图像或信息。

7.2.1　图像的基础知识

1. 图像的分类

计算机中的数字化图像分为两类：位图和矢量图。了解这两类图像的差异，对图像的处理和应用有很大帮助。位图和矢量图的特点如下：

（1）位图也称点阵图，是由许多像素点组成，每个像素点用若干二进制位来表示其颜色、亮度和饱和度等属性。它的特点是能够制作出色彩和色调变化层次丰富的图像，能逼真地表现自然界真实景象。位图文件的缺点是所需存储空间大，图像的清晰度与分辨相关。因此，如果以较大的倍数放大显示图像或以过低的分辨率打印，位图图像会有失真效果。

（2）矢量图是由矢量定义的点、线、面等元素组成，通过数学的向量方式来进行计算，对其移动、缩放或更改颜色不会降低图形的品质。矢量图与分辨率无关，无论放大或缩小多少倍，图形都有同样平滑的边缘和清晰的视觉效果。

2. 图像的格式

图像格式是指计算机表示和存储图像信息的格式，常见的图像文件格式有以下 8 种。

（1）BMP 格式。BMP 格式是标准的 Windows 图像位图格式，该格式文件色彩丰富，通常是未经过压缩或者采用无损压缩的数据。该格式文件占用空间大，常应用在单机上，不适合在网络上传播，Windows 系统下的许多软件都支持该格式文件。

（2）GIF 格式。GIF 格式文件是一种无损压缩的图像文件，最多支持 256 种色彩，分为静态图像和动态图像。GIF 格式文件占用空间小，适合于在网络上传输和使用。

（3）JPEG 格式。JPEG 格式文件是一种有损压缩的图像文件，其压缩比约为 $1:5 \sim 1:50$，是网络上的主流图像格式。JPEG 压缩对图像质量影响很小，可以用较少的磁盘空间获取较好的图像质量。

（4）PSD 格式。PSD 是图像处理软件 Photoshop 生成的文件格式，可以存放图层、通道、颜色模式等多种信息，方便用户对图像进行编辑和修改。随着 Photoshop 软件的广泛应用，该格式文件也逐步流行起来。

（5）PNG 格式。PNG 是网络上常用的文件格式，它结合了 GIF 和 JPEG 的优点，属于位图文件。PNG 最大颜色深度为 48 位，采用无损方案存储，最多可以存储 16 位的 Alpha 通道。

（6）PDF 格式。PDF 格式是 Adobe 公司开发的一种便携文本格式。它可以精确地显示字体、格式、颜色、超文本链接等电子信息，是目前电子出版物最常用的格式。

（7）TIFF 格式。TIFF 格式是一种适合于印刷和输出的格式，文件扩展名为 tif 或 tiff，它是 Aldus 公司为苹果计算机设计的图像文件格式，可跨平台操作，受到几乎所有的绘画、图像编辑、页面排版应用程序的支持。

（8）EPS 格式。EPS 格式又被称为带有预视图像的 PostScript 格式，它是由一个 PostScript 语言的文本文件和一个低分辨率的由 PICT 或 TIFF 格式描述的代表像组成，文件占用空间大，需要使用专用软件编辑。

7.2.2　图像的处理技术

1. 图像的获取

图像是多媒体创作中使用较频繁的素材，获取图像的常用方法有以下 6 种。

（1）使用 Windows 系统下的画图程序、Adobe Photoshop、CorelDraw、Adobe Illustrator 等软件绘制，将其保存为所需格式。

（2）使用扫描仪获取。扫描仪主要用来获取印刷品和照片的图像，用户可以使用扫描仪来扫描图片并将其保存为所需格式。

（3）使用数码相机获取。数码相机可以直接产生景物的数字化图像，通过接口装置和专用软件将图像输入计算机。

（4）从多媒体电子出版物中的图片素材库获取。

（5）在屏幕中截取。使用屏幕抓图工具从屏幕上截取画面并保存为图片文件。

（6）从网络上下载。使用搜索引擎在因特网上查找图像素材，并将其下载保存。

2. 图像的编辑

当图像不能满足用户需求时，可以通过图像编辑软件对其进行编辑修改。常用的图像编辑软件有以下 3 种。

（1）CorelDraw。CorelDraw 软件是 Corel 公司出品的矢量图形制作工具软件，它为用户提供了矢量动画、页面设计、网站制作、位图编辑和网页动画等多种功能，它占用内存小，操作方便快捷，深受广大用户的青睐。用户可以使用它的交互式工具创作出多种富于动感的特殊效果。

（2）Adobe Photoshop。Adobe Photoshop 软件是由 Adobe 公司开发的图像处理软件。它主要处理由像素构成的数字图像，用户使用它的编修与绘图工具，可以有效地进行图片编辑工作，目前多应用于平面广告宣传、刊物出版等行业。

（3）Adobe Illustrator。Adobe Illustrator 简称 AI，是 Adobe 公司推出的矢量图形制作软件。它可以为线稿提供较高的精度和控制，广泛应用于印刷出版、海报书籍排版、专业插画、多媒体图像处理及互联网页面制作等领域。

7.3 数字音频技术

声音是多媒体应用中的一个重要部分，恰当地运用声音元素能够提高多媒体创作的质量。

7.3.1 音频的基础知识

自然界的声音是一个随时间变化而变化的连续信号，通常用模拟的连续波形来描述声音的形状，声波在不同时刻振动幅度的变化是反映声音内容的重要信息。通过对声波进行采样、量化、编码等数字化处理，将自然界中的声音转换为以二进制编码形式存储的数字信息后，计算机才能对其进行编辑。对原始声音采用不同的编码方式和压缩处理技术所生成的音频文件格式也是不同的，常用的音频文件格式有以下 6 种。

（1）CD 格式。CD 格式是当前音质最好的音频格式，大多数的应用软件都可以支持播放。CD 音频文件并不真正包含声音的信息，因此不能直接复制 CD 格式文件进行播放，而是需要使用抓轨软件将 CD 格式的文件转换成 MP3、WAV 等格式的文件才能播放。

（2）WAV 格式。WAV 格式文件又称为波形文件，是由微软公司开发的一种声音文件格式，用于保存 Windows 平台下的音频资源，大多数应用软件都支持该格式的文件。WAV 格式文件可以直接记录声音的波形，通常用来存储没有压缩的原始数据，可以达到较高的音质要求，因此被广泛应用在多媒体开发、音频编辑、非线性编辑等领域。

（3）MP3 格式。MP3 是一种音频压缩技术，全称 MPEG Audio Layer3，MP3 对应 MPEG 音频压缩标准中的第三层，压缩率达 1：10 ～ 1：12。如果相同长度的音频文件，用 MP3 格式存储一般只有 WAV 格式文件存储大小的十分之一，而且 MP3 格式失真小，音质接近于 WAV 格式文件，是目前主流的音频文件格式。

（4）WMA 格式。WMA 是微软公司开发的新一代数字音频压缩技术，在保证音质的前提下，压缩率达 1:18 左右，而且该格式的文件支持流媒体技术，适合在网络上在线播放。

（5）MIDI 格式。MIDI 是 Musical Instrument Digital Interface（乐器数字接口）的缩写，是数字音乐和电子合成器的国际标准。MIDI 文件并不是一段录制好的声音，而是记录了电子乐器键盘上的弹奏信息，包括力度、声调和长短等。当播放文件的时候，只需读取 MIDI 信息，生成相应的波形文件，放大后由扬声器输出即可。

（6）AU 格式。AU 格式是一种经过压缩的数字音频格式。AU 格式和 MP3、WMA 等格式一样也属于音频格式的一种，可以使用 RealPlayer、暴风影音等播放软件进行播放。

7.3.2 音频的处理技术

1. 音频的获取

获取音频的常用方法有以下 4 种。

（1）从网络上下载。使用搜索引擎在因特网上查找音频素材，并将其下载保存。

（2）从多媒体电子出版物中的音频素材库或 CD 中获取。

（3）从视频文件中提取声音。借助相应的视频编辑软件，可以提取视频文件中的声音。

（4）使用录音软件采集。安装声卡和麦克风后，使用录音软件录制用户需要的声音。

2. 音频的编辑

随着多媒体技术的广泛应用，各种音频编辑软件层出不穷，用户可以使用音频编辑软件对音频文件进行录制、转换、剪辑等操作。常用的音频编辑软件主要有 Goldwave、Adobe Audition 等。

7.4 数字视频技术

视频泛指将一系列静态影像以电信号的方式加以捕捉、记录、处理、储存、传送与重现的各种技术。视频信息形象、生动，是多媒体元素中最活跃的成员之一。

7.4.1 视频的基础知识

1. 视频的分类

按照视频的处理方式不同，可以分为以下两类。

1）模拟视频

模拟视频中的每一帧图像都是实时获取的自然景物的真实图像信号。日常生活中看到的电视、电影都属于模拟视频的范畴。模拟视频信号具有成本低、还原性好等优点，其显示效果较为逼真。其缺点是保存时间较短，经过长时间存放后，视频质量会大大降低。

2）数字视频

数字视频是基于数字技术及其他拓展图像显示标准的视频信息，具有时间连续性、表现力强、保存时间长、抗干扰性强和交互性强等优点，还可以借助计算机对数字视频进行非线性编辑。

模拟视频只有通过数字化完成模数信号转换后，多媒体计算机才能够对其进行处理。因此，多媒体计算机除了常规的硬件配置以外，还必须安装视频采集卡，以便将模拟视频经解码、调控、编程、模数转换和信号叠加转换成计算机可识别的二进制数字信息。

2. 视频的格式

目前，常见的数字视频格式有以下 8 种。

（1）AVI 格式。AVI 是 Audio Video Interleaved（音频视频交错格式）的缩写，该格式文件图像质量好，可以跨多个平台使用，但是体积过于庞大。

（2）MPEG 格式。MPEG 是运动图像压缩算法的国际标准，几乎被所有的计算机操作系统支持。它包括 MPEG-1、MPEG-2 和 MPEG-4 三个部分。MPEG-1 被广泛地应用在 VCD 的制作中，绝大多数的 VCD 采用 MPEG-1 格式压缩。MPEG-2 应用在 DVD、HDTV（高清晰电视广播）和一些高要求的视频编辑、处理方面。MPEG-4 是一种新的压缩算法，它利用很窄的带宽，通过帧重建技术压缩和传输数据，以最少的数据获得最佳的图像质量，主要应用于视像电话、视像电子邮件及电子新闻等。

（3）RMVB 格式。RMVB 是由 Real Networks 公司开发的一种视频文件格式，它打破了压缩的平均比特率，在复杂的动态画面中采用高比特率，而在静态画面中则灵活地采用低比特率，合理地利用了资源，保证了文件的大小和清晰度。

（4）MOV 格式。MOV 是 QuickTime 影片格式，它是 Apple 公司开发的一种音频、视频文件格式，用于存储常用数字媒体类型，适合单机播放或者作为视频流文件在网上传播。

（5）WMV 格式。WMV 是微软公司推出的一种流媒体文件格式，它是 ASF（Advanced Stream Format）格式的升级。在同等视频质量下，WMV 格式的体积非常小，很适合在网上播放和传输。

（6）FLV 格式。FLV 是 Flash Video 的简称，它是随着 Flash 的发展而推出的视频文件格式。FLV 文件容量小、加载速度快，目前多数网站的视频文件均采用此格式。

（7）MKV 格式。MKV 是一种新的多媒体封装格式，也称多媒体容器。它可以将多种不同编码的视频及 16 条以上不同格式的音频和不同语言的字幕流封装到一个 MKV 文件中。MKV 文件最大的特点就是能容纳多种不同类型编码的视频、音频及字幕流。

（8）DivX 格式。DivX 由 MPEG-4 衍生出的一种视频编码标准。它使用 DivX 压缩技术对 DVD 盘片的视频图像进行高质量压缩，同时对音频信息按照 MP3 格式进行压缩，然后再将视频与音频合成并加上相应的外挂字幕文件而形成的视频格式。该格式的视频画质与 DVD 不相上下，但体积只有 DVD 的几分之一。

7.4.2 视频的处理技术

1. 视频的获取

获取视频的常用方法有以下 5 种。

（1）使用摄像机拍摄。利用视频采集卡将摄像机、录像机中拍摄到的视频采集到计算机中，生成数字文件。如果使用的是数码摄像机，拍摄的视频即为数字形式的影像，可以直接存储到计算机中。

（2）从多媒体电子出版物中的视频素材库中获取。

（3）从网络上下载。使用搜索引擎在因特网上查找视频素材，并将其下载保存。

（4）捕捉计算机屏幕上的活动画面。使用屏幕录制软件捕捉计算机屏幕上的活动画面并保存。

（5）自制视频文件。常用的视频编辑软件有 Adobe Premiere、Corel Video Studio、After Effects、Adobe Director 等。

2. 视频的编辑

视频编辑是指对视频素材进行剪辑、排序、替换、增加以及添加特效、字幕和声音等操作。视频编辑要依托于专业的视频编辑软件，常用的软件有以下 4 种。

1）Adobe Premiere

Adobe Premiere 是由 Adobe 公司推出的一款视频编辑软件，该软件以其合理化的界面、通用的高端工具和较好的兼容性，广泛地应用于多媒体视频、音频编辑领域，是目前最流行的非线性编辑软件。

2）Corel Video Studio

Corel Video Studio（会声会影）是 Corel 公司开发的一款功能强大的视频编辑软件，提供了完整的剪辑、混合、运动字幕和特效制作等功能，还具有图像抓取和光盘制作功能，支持各类编码，是一个功能强大但简单易用的视频编辑软件。

3）After Effects

After Effects（AE）是 Adobe 公司推出的一款图形视频处理软件，适用于设计视频特技的机构，包括电视台、动画制作公司、个人后期制作工作室及多媒体工作室等。它利用与其他 Adobe 软件的紧密集成，高度灵活的 2D 和 3D 合成，以及数百种动画和预设效果，为电影、视频、DVD 等作品创建引人注目的视觉效果。

4）Adobe Director

Adobe Director 是用来创建包含高品质图像、数字视频、音频、动画、三维模型、文本、超文本及 Flash 文件的多媒体编辑软件。它广泛应用于多媒体光盘、教学课件、触摸屏软件、网络电影、网络交互式多媒体查询系统、企业多媒体形象展示、游戏和屏幕保护等的开发制作。

·视频

宣传海报

案例 1 | 宣传海报

案例描述

本案例要求使用 Adobe Photoshop 软件设计社团纳新宣传海报，完成图 7-1 所示的排版效果。

提示：

本案例以 Adobe Photoshop CC 2018 版本为例介绍相关操作。

图 7-1　宣传海报样文

案例操作

（1）启动 Adobe Photoshop CC 2018 软件，打开素材文件夹中的"背景 .jpg"文件，如图 7-2
所示。

图 7-2　打开"背景 .jpg"素材文件

（2）单击"图层"面板｜"创建新图层"按钮（▣），创新一个新的图层，如图 7-3 所示。

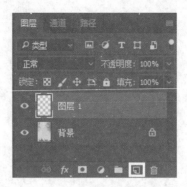

图 7-3　创建新图层

（3）单击"文件"菜单栏｜"置入嵌入对象"，导入素材文件夹中的"文字.png"图片素材，按住【Shift】键，同时按住鼠标左键拖动图片四角的控制点，等比例调整图片大小。再将鼠标指向图片，按住鼠标左键拖动，适当调整图片位置，完毕后按【Enter】键。同理，将素材文件夹中的"排球.png"图片导入，适当调整图片大小及位置，结果如图 7-4 所示。

图 7-4　导入图片素材

（4）使用工具箱中的"横排文字工具"（T）输入相关文本信息，参照图 7-5 在"字符"面板中设置文本信息的字体样式为黑体，字体大小为 8 点、字符间距为 25。

（5）选中"图层"面板中的文本图层，单击面板底部的"添加图层样式"按钮（fx），在弹出的快捷菜单中选择"描边"，如图 7-6 所示。

图 7-5 设置字符

图 7-6 设置图层

（6）参照图 7-7 在"图层样式"对话框中设置描边效果的大小为 3 像素、位置为外部、混合模式为变亮、颜色为白色，单击"确定"按钮后，结果如图 7-7 所示。

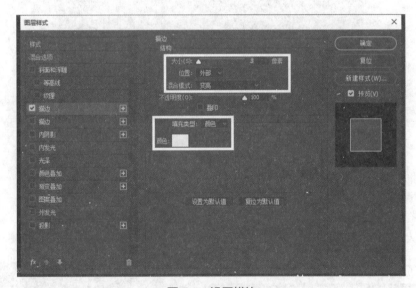

图 7-7 设置描边

（7）单击"文件"菜单栏｜"存储"，保存类型为 JPEG 格式。

案例 2 ｜配乐诗朗诵

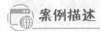 案例描述

本案例要求使用 Adobe Audition 软件对朗诵音频文件进行配乐，并适当进行效果和音量的调节。

视频 ●········

配乐诗朗诵

> ⚠ 提示:
>
> 本案例以Adobe Audition CC 2018版本为例介绍相关操作。

操作提示

（1）启动 Adobe Audition CC 2018 软件，工作界面如图 7-8 所示。

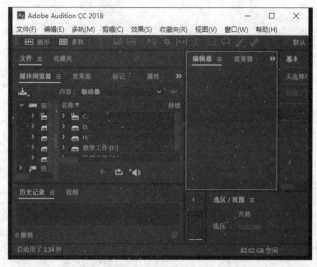

图 7-8　启动"Adobe Audition"程序

（2）单击"文件"菜单栏 | "新建" | "多轨会话"，参照图 7-9 在"新建多轨会话"对话框中修改会话名称、文件夹位置及采样率的参数设置，单击"确定"按钮。

（3）单击"文件"菜单栏 | "导入" | "文件"，将素材库中的"再别康桥"和"背景音乐"音频文件导入到"文件"面板中，结果如图 7-10 所示。

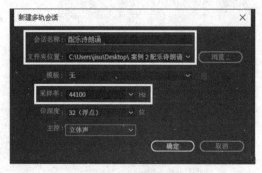

图 7-9　新建多轨会话

图 7-10　导入音频素材文件

（4）依次选中"文件"面板中的音频文件，将"再别康桥"和"背景音乐"音频文件分别拖动到右侧编辑器的轨道 1 和轨道 2 中，结果如图 7-11 所示。

（5）拖动"编辑器"面板上方滚动条右侧的控制柄，适当调整缩放比例，将两个音频文件在轨道上全部显示。单击工作界面左上侧工具栏中的"切断所选剪辑工具"按钮（◨），在轨道 2 中对齐轨道 1 的结束位置处单击，对轨道 2 的音频文件进行分割，再单击工具栏中的"移动工具"按钮（■），参照图 7–12 选中轨道 2 中被分割音频的后半部分，按【Delete】键删除。

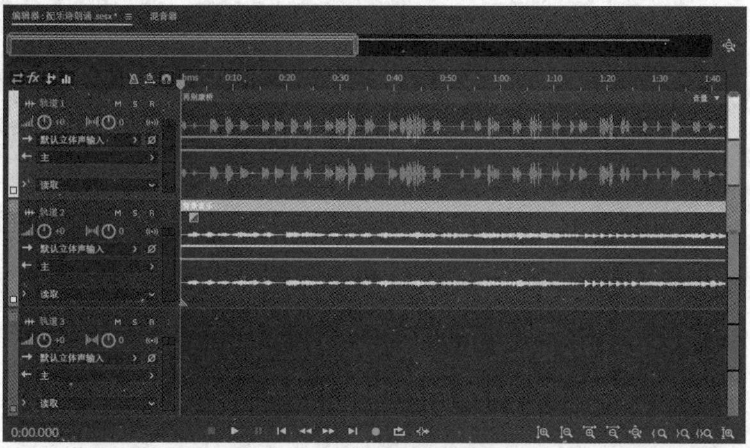

图 7-11　拖动音频文件至编辑器

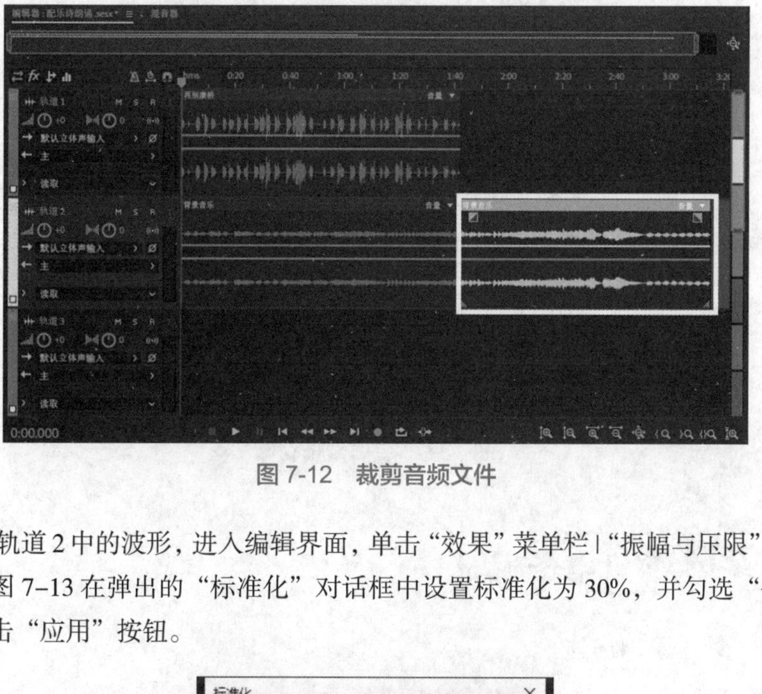

图 7-12　裁剪音频文件

（6）双击轨道 2 中的波形，进入编辑界面，单击"效果"菜单栏 | "振幅与压限" | "标准化（处理）"，参照图 7–13 在弹出的"标准化"对话框中设置标准化为 30%，并勾选"平均标准化全部声道"，单击"应用"按钮。

图 7-13　调整波形振幅

（7）返回到多轨编辑界面，选中轨道2中的波形，单击"剪辑"菜单栏 | "淡出" | "淡出"，为轨道2中音频文件添加淡出效果，结果如图7-14所示。

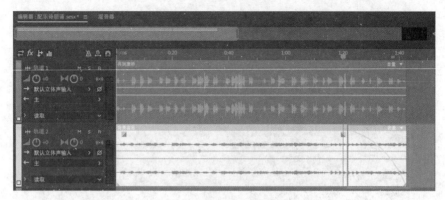

图 7-14　添加淡出效果

（8）将游标定位到轨道开始位置，按【Space】键播放，试听调整后的配乐效果。单击"文件"菜单栏 | "导出" | "多轨混音" | "整个会话"，参照图7-15设置相应参数并导出音频文件。

图 7-15　导出音频文件

·····视频

电子相册

案例 *3*　电子相册

案例描述

本案例要求使用 Adobe Premiere 软件制作电子相册，并为相册添加文本图形、特效、音乐等内容，效果如图7-16所示。

(!) 提示：
本案例以 Adobe Premiere CC 2018版本为例介绍相关操作。

图 7-16　电子相册样文

操作提示

（1）启动 Adobe Premiere CC 2018 软件，单击"文件"菜单栏|"新建"|"项目"，创建"电子相册"新项目。单击"文件"菜单栏|"新建"|"序列"，打开"新建序列"对话框，在"序列预设"中选择序列格式为"HDV"|"HDV 720p25"，在"设置"中修改视频宽度为 1024。

（2）单击"文件"菜单栏|"导入"，将素材库中的图片"1.jpg"~"10.jpg"和"背景音乐.mp3"导入到项目中，如图 7-17 所示。

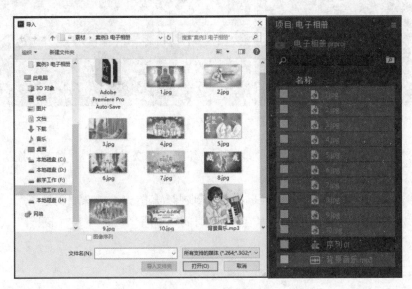

图 7-17　导入素材文件

（3）激活"时间轴"面板，单击"图形"菜单栏|"新建图层"|"文本"，单击要放置文本的"节目监视器"面板，输入文本内容"众志成城 共同抗疫"，在"工具"面板中使用"选择工具"调整文本位置，如图 7-18 所示。

图 7-18　添加文本

（4）参照图 7-19 在左侧"效果控件"面板中设置文本的字体为"STZhongsong"、大小为126、填充为红色、描边为白色、阴影为灰色。

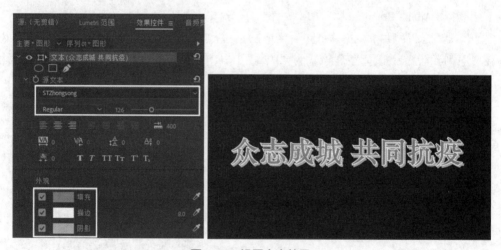

图 7-19　设置文本效果

（5）在"效果"面板中，将"视频过渡"|"缩放"|"交叉缩放"过渡效果拖动到视频轨道V1 素材入点位置，如图 7-20 所示。

（6）将"项目"面板中的图片"1.jpg"拖动到视频轨道 V1 文本素材的结束点，在图片素材上右击，在弹出的快捷菜单中选择"速度 / 持续时间"选项，参照图 7-21 设置"持续时间"为3 秒。

图 7-20 添加文本过渡效果

图 7-21 设置图片持续时间

（7）在"效果"面板中，将"视频过渡" | "滑动" | "带状滑动"过渡效果拖动到视频轨道 V1 上文本素材和图片 1.jpg 素材之间，如图 7-22 所示。

图 7-22 添加图片过渡效果

（8）参照上述操作，将"项目"面板中的其他图片依次拖动到频轨道 V1 上，并设置过渡效果，结果如图 7-23 所示。

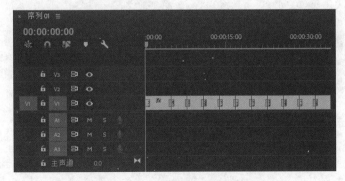

图 7-23 设置素材过渡效果

（9）将"项目"面板中的"背景音乐.mp3"素材文件拖动到音频轨道 A1 上，因音频文件时间较长，需对其进行截取。双击音频文件，在音频监视窗口中使用"工具"面板上的"标记入点"和"标记出点"工具，截取一段与视频轨道素材时间相同的音乐，结果如图 7-24 所示。

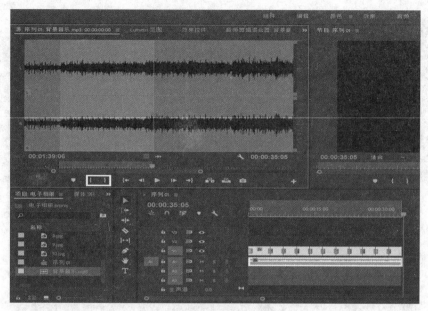

图 7-24　添加背景音乐

（10）在"节目监视器"面板中浏览相册效果，如图 7-16 所示。单击"文件"菜单栏丨"导出"丨"媒体"，根据用户需要在"导出设置"面板中设置视频的格式及参数，完毕后导出视频即可。

······●扫码练习

第7章习题

第8章

IT 新技术

📌 学习目标

- 了解大数据的定义、关键技术和相关应用。
- 了解云计算的定义、关键技术和相关应用。
- 了解人工智能的定义、关键技术和相关应用。

21世纪以来，新一轮的科技革命和产业变革正在兴起，尤其在 IT 技术（Information Technology）方面，以大数据、云计算、人工智能、移动互联网和物联网等为代表的新一代信息技术交相辉映，对人类生产生活的方方面面产生了深远的影响。

8.1 大数据

8.1.1 大数据概述

大数据（Big Data）是一种包含海量数据的集合，通常集合内的数据仍在不断增长或更替，无法用常规的关系型数据库系统完成处理和计算，大数据技术不仅包含数据集合本身，还包含与处理数据相关的一系列技术手段。

综合来讲，大数据具有以下"4V"特征。

（1）数据量大（Volume）：所谓海量数据处理是指数据的采集和存储计量单位一般以 P（1 000 个 T）、E（100 万个 T）或 Z（10 亿个 T）字节为量级。

（2）多样化（Variety）：数据种类和来源多样化，包括结构化数据（通常以关系数据模型的二维表形式出现）、半结构化数据（数据描述不标准或者具有伸缩性，通常以树、图等形式出现）和非结构化数据（数据结构不规则或不完整，不适于用二维表来表现的数据，如音频、视频、图片等）。数据类型的复杂性要求数据处理能力与之匹配。

（3）价值密度低（Value）：随着传感技术和互联网的广泛应用，海量数据随之产生，有用信息淹没在无用信息中，提取有用信息的难度加大，可以用沙里淘金来形容，因此信息价值密度较低，但是能够被提取到的有用信息其价值很高，数据挖掘就是从信息沙漠中淘金的手段。

（4）快速化（Velocity）：几乎每时每刻都有大量新增数据进入系统，系统要能够快速实时地处理这些数据。比如：搜索引擎要求能够查询到几分钟前的新闻，个人网络购物偏好对应的推荐算法要能够实时完成。

大数据的"4V"特征如图 8-1 所示。

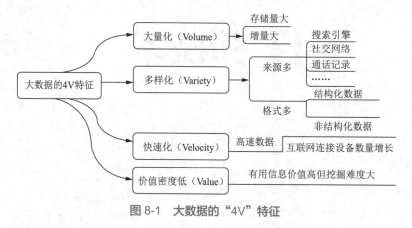

图 8-1　大数据的"4V"特征

8.1.2　大数据的简要发展史

人类记录和处理数据的历史源远流长，从石刻、竹简、书籍到磁带、磁盘和数据库，数据的存储形式和处理手段随着人类社会的发展而变迁。以电子计算机为代表的信息技术出现后，人类利用和处理数据的能力实现了质的跃升，然而数据量的爆发式增长和数据处理能力的不足一度给人们带来很大困扰。

1999 年 8 月，《美国计算机协会通讯》上发表了一篇名为《千兆字节数据集的实时性可视化探索》的论文，这是该杂志第一次使用"大数据"这一术语。文章开篇指出："功能强大的计算机是许多查询领域的福音……它们也是祸害，高速运转的计算机产生了规模庞大的数据"。大数据既是挑战（对于传统的数据处理模式）又是机遇（新的数据处理理论、模式和硬件应运而生）。

2011 年，全球知名咨询公司麦肯锡在题为《海量数据：创新、竞争和提高生产率的下一个新领域》的研究报告中首次指出"大数据时代已经到来"。该报告同时预言数据将成为一种新型的重要生产要素。这意味着在政府和企业的决策中，数据（信息）将成为重要的考量依据。

2012 年，牛津大学教授维克托·迈尔·舍恩伯格（Viktor Mayer Schnberger）在其畅销书《大数据时代》中指出："数据分析将从'随机采样'、'精确求解'和'强调因果'的传统模式演变为大数据时代的'全体数据'、'近似求解'和'只看关联不问因果'的新模式。"这一论断引发了人们对大数据应用方法的广泛思考与探讨。

2014 年以后，大数据的概念体系、理论体系和技术体系逐渐成形，研究人员和商业机构不断推动大数据技术向各领域渗透。大数据相关技术、产品、应用和标准不断发展，逐渐形成了包括数据基础设施、数据分析、数据应用、开源平台与工具等构成的大数据生态系统，并持续发展和不断完善，人们的关注焦点逐步由技术探索、商业应用向生态治理迁移。

8.1.3　大数据的主要关键技术

大数据关键技术一般包括：数据采集、数据存储、数据预处理、数据管理、数据挖掘和应用等。

1. 大数据采集

数据采集（Data Acquisition）又称数据获取，是数据处理技术的基础。传统数据采集是指从传感器收集数据或者从数据库中调取数据，其类型简单、数据量小、易于处理。大数据所代表的新一代数据体系来源广泛，主要有政府数据、商业数据、互联网数据和传感器数据等，因而大数据的采集方式主要采用系统日志采集和网络数据采集等方法。

（1）系统日志采集方法：日志是记录系统中硬件、软件和系统问题的文件，包括应用程序日志和安全日志等。最初日志主要是供软硬件工程师排查故障使用的，如今日志数据更多地被用来做离线和在线分析，其结果可以帮助人们做出决策。日志的采集工具包括 Treasure Data 的 Fluentd、Apache 的 Flume、Facebook 的 Scribe、阿里云的 logtail 等，这些工具均采用分布式架构，能够完成高速、可靠的日志数据采集。

（2）网络数据采集方法：是指通过网络爬虫或网站公开应用程序编程接口（Application Programming Interface，API）等方式从网站上获取数据。该方法支持非结构化数据类型，可以将图片、音视频、附件等文件从网页中提取出来。

（3）其他数据采集方法：对于政府数据、商业数据和科研学术数据等保密性要求较高的数据，可以通过数据加密、过滤和授权技术，使用特定系统接口或者不同层次的权限授予等方式采集数据。

2. 大数据预处理

数据预处理是指对所采集到的数据进行审核、筛选、排序等必要的初步处理。对原始数据主要从完整性和一致性两个方面去审核，同时可以加入适用性和及时性约束，审核后发现错误的数据要予以纠正，如果不能纠正则需标记甚至剔除。数据筛选是找到符合条件数据的同时剔除不符合条件的数据。数据排序是将数据按一定顺序排列，以利于从中发现明显特征或趋势，形成解决问题的线索。如果说预处理是粗处理，数据处理和挖掘则是细处理。数据预处理技术主要包括清洗、集成、变换和规约等。通过预处理使数据质量得到提升，将会提高数据挖掘的工作效率。

（1）数据清洗：去除噪声和无关数据。如缺少属性值和包含错误的数据。

（2）数据集成：数据往往分布在不同的数据源中，把不同来源、格式的数据在逻辑上或物理上整合成一致的过程。

（3）数据变换：把原始数据转换成为适合数据挖掘的格式。

（4）数据规约：在尽可能保持数据原貌的前提下压缩数据量。

3. 大数据存储和管理技术

为了有效应对复杂多样的大数据处理需求，需要针对不同的大数据应用特征，采用不同的数据存储和管理技术路线完成任务。目前最典型的技术路线有以下两种。

（1）MPP（Massive-Parallel Processing）架构：即海量并行处理架构的数据库集群。MPP 架构由 SMP（Symmetric Multi-Processor，对称多处理器）架构发展而来。SMP 架构是在一台计算机上部署了多个处理器，各处理器之间共享内存和总线，但操作系统或数据库管理系统只有一个，其可扩展性较差，无法支持大规模数据库集群与 PB 级别数据量。MPP 架构是将任务并行分散到多个服务器和节点（计算机）上，每个节点只访问自己的本地资源，是一种无共享结构，其扩展能力好。MPP 架构将业务数据划分到各个节点，数据节点通过网络相连、协同计算，各节点完成计算后将各自的结果汇总在一起得到最终结果。节点们作为一个整体为用户服务，其组合方式和运行过程对于用户是透明的。MPP 架构有可伸缩性、高性能、高性价比等优势，可以有效支撑 PB 级别的结构化数据分析。MPP 架构解决了海量数据存放和处理的问题，但是当节点数目较多时，增加或者删除节点会遇到扩展效应降低、数据迁移和维护量大等问题。

（2）Hadoop 架构：Hadoop 是一个由 Apache 基金会所开发的分布式系统基础架构，由 HDFS、MapReduce、HBase、Hive 等组成。HDFS（Hadoop Distributed File System，分布式文件系统）具有高容错性的特点，适合超大数据集的应用程序。MapReduce 是一种编程模型，用于大规模数据集的并行运算，它将分布式并行编程抽象为两个操作，即 Map（映射）操作和 Reduce（化简）操作，开发人员无须考虑底层细节，只需对相应的接口编程即可，这种设计大大降低了并行分布式程序的开发难度。HBase 是一个开源的、基于列存储模型的分布式数据库。Hive 是基于 Hadoop 的一个工具，可提供完整的 SQL 查询并将 SQL 语句转换为 MapReduce 程序。

4. 大数据挖掘技术

数据挖掘（Data Mining）是指从大量的、不完全的、有噪声的、模糊的、随机的数据中提取潜在有用信息的过程，可以说数据挖掘是知识发现的过程。数据挖掘包含了众多理论和技术，如高性能计算、机器学习、人工智能、模式识别、统计学、数据库和专家系统等。其主要任务有关联分析、聚类分析、分类、预测、时序模式和偏差分析等。

1）数据挖掘流程

（1）定义问题：明确数据挖掘的目的，即要解决的问题，确定技术路线。

（2）数据准备：包括数据集的选取和数据预处理。

（3）数据挖掘：浏览数据，查看数据分布情况。确定数据模型，选择相应算法。

（4）结果分析：对数据挖掘的结果进行解释和评价，通过可视化手段转换为用户能够理解的形式。

2）数据挖掘算法

算法是大数据分析的理论核心，数据挖掘的算法多种多样，典型的算法有以下几类。

（1）预测模型算法：在预测模型算法中最著名的是神经网络算法，该算法起源于脑神经元学说，最重要的用途是分类，因此与模式识别理论紧密相关。由于其具有良好的鲁棒性和自组织自适应性，非常适合分布并行处理类问题。另外，在预测模型算法中还有决策树算法、贝叶斯算法等。

（2）进化算法：进化算法中的代表是遗传算法，它是模拟自然界中的遗传机制和生物进化论而形成的，利用"优胜劣汰、适者生存"的生物进化原理优化参数，最主要的应用是搜索最优解。另外，粒子群算法、蚁群算法以及灰狼优化算法等也属于进化算法。

（3）分类算法：分类算法中最典型的是支持向量机算法。1995 年，Corinna 和 Vapnik 等提出了支持向量机（Support Vector Machine）算法，它是一种具备较强的分类能力和泛化能力（对于新样本的适应性）的分类算法，主要解决小样本、非线性、高维模式识别及函数拟合等机器学习问题。

（4）关联分析算法：关联分析算法的目的是寻找数据间的关联性。其典型应用有分析人们的消费习惯和阅读习惯等，从人们的购物车中商家可以了解到哪些商品被用户同时购买，从而据此制定营销策略。内容服务商从用户的浏览链接中发现用户的阅读兴趣并为之推送相关内容。关联分析法的主要算法有 Apriori 算法、DHP 算法和 DIC 算法等。

（5）偏离分析算法：偏离分析主要采用传统的统计分析算法，如标准差和方差参数分析等，偏差大的数据中往往包含着重要的异常信息，因而是危机预警、风险提示和机会把握的重要辅助手段。

除了以上列举的算法外，还有粗集算法、模糊集算法等众多算法，都在数据挖掘方面发挥了重要作用。

5. 大数据应用技术

大数据技术能够将隐藏于海量数据中的信息和知识挖掘出来，为人类的社会经济活动提供依据，从而提高各个领域的运行效率。大数据的应用技术可以分成很多方向，以下仅列举 3 个方向。

（1）大数据计算方向：如大数据查询分析、批处理计算、流式计算、迭代计算、图计算等，混合计算则是综合以上计算形式满足多样化的数据处理和应用需求。

（2）大数据可视化分析方向：通过可视化方式来帮助人们分析和解释复杂的数据，有利于挖掘数据的商业价值或学术价值。如 Tableau 公司将数据运算与美观的图表完美地结合在一起，帮助人们快速查看和分享数据。

（3）大数据安全方向：大数据的安全一直是企业和学术界非常关注的研究方向。其防护技术主要有数据安全审计、数据脱敏、数据加密等。若按照数据处理的流程又可以分为数据采集和传输安全、数据存储安全和数据发布安全技术等。

8.1.4 大数据的发展趋势

大数据与各行业的融合越来越深入，目前电信数据处理、电网数据处理、气象分析、环境监测、交通监控、基因分析、金融工程、影视制作中都广泛采用大数据技术。大数据正在从方方面面改变着人们的生活方式，企业和政府的计划、决策、实施和修正都离不开大数据技术的支持，大数据已经成为重要的战略资源。大数据将与云计算、物联网等新兴技术深度结合，并且很有可能带动相关科学理论形成新的突破。

8.2 云计算

8.2.1 云计算概述

云计算是分布式计算（Distributed Computing）、并行计算（Parallel Computing）和网格计算（Grid Computing）的延伸发展。在计算机网络拓扑图中互联网通常以云的形状表示，因而云计算的含义是将计算量分布在大量的网络计算机上，是一种以数据为中心的超级计算。云计算涵盖了科学计算、网络存储、数据管理、并行计算、软件服务、效用计算、负载均衡、系统管理等多方面。无论是个人用户还是企业用户均可通过网络以按需、易扩展的方式获得所需的资源，使计算能力变得像水、电、燃气一样成为一种公共服务商品，取用方便且费用低廉。

8.2.2 云计算的简要发展史

1956 年，Christopher Strachey 正式提出了虚拟化的概念。早期的虚拟化是指将一台计算机虚拟为多台逻辑计算机，在一台计算机上同时运行多个逻辑计算机，每个逻辑计算机可运行不同的操作系统和应用程序，而实际使用的是同一台计算机上的资源。虚拟化思想是云计算的核心，其虚拟化的资源不再是一台单独的计算机，而是云上资源。

2006 年，Google 首席执行官 Eric Schmidt 在搜索引擎大会上首次提出了"云计算"（Cloud Computing）的概念，这是云计算发展史上标志性的一天。

2008 年，IBM 宣布在中国建立了全球第一个云计算中心（Cloud Computing Center）。同年，微软发布了其公共云计算平台（Windows Azure Platform）。

2009 年，阿里软件在江苏南京建立了国内首个"电子商务云计算中心"，之后国内各大互联网公司纷纷建设云计算平台，百度云、腾讯云、盛大云和华为云等逐步投入使用，如今，云计算已经发展到较为成熟的阶段。

8.2.3 云计算的关键技术

云计算作为一种新型的计算模式，其主要特点是在互联网的基础上通过动态可伸缩的虚拟化资源进行计算，其技术实质是计算、存储和软硬件资源的虚拟化。云计算的关键技术包括以下几个方面。

1. 虚拟化技术

区别于传统的单一虚拟化，云计算的虚拟化包括计算机、网络、应用程序、操作系统的全面虚拟化，其优势在于能够打破硬件配置、软件部署和数据分布的界限，实现 IT 架构的动态化，方便资源集中管理和动态分配，提高系统适应需求和环境的能力。虚拟化技术既可以提高资源利用率并降低成本，又能够提供强大的计算能力。典型的虚拟化技术有：Xen、KVM、WMware、Hyper-V、Docker 容器等。

2. 数据存储和管理技术

云计算能够对海量的数据进行处理和利用的前提是必须具备高效管理大量数据的能力。从安全和经济的角度来看，分布式存储是云存储的最佳选择，此外，高传输率也是云计算数据存储技术的一大特色。目前，云计算系统中的数据存储和管理技术主要有 Google 的 GFS 文件系统（Google File System，非开源）和 Big Table 数据管理技术以及 Hadoop 的 HDFS 文件系统（Hadoop Distributed File System，开源）和 HBase 数据管理技术。

3. 资源管理技术

早期的并行计算系统为了解决分布式系统的一致性问题采用了各种各样的协议，而对于大规模分布式系统来说，无法保证各个子系统使用同样的协议，新一代的分布式资源管理技术（如 Google 公司的 Chubby 资源管理系统）采用服务锁机制，使得解决分布一致性问题不再依赖协议或者算法，而是有了一个统一的服务，从而保证数据操作的一致性，并且解决了多节点之间同步和节点迁移问题。

4. 并行编程技术

云计算采用并行编程模式，并发处理、容错、数据分布、负载均衡等细节都被抽象到函数库中，大的计算任务被自动分成多个子任务分布执行。为了高效利用云计算的资源，使用户能更轻松地享受云计算带来的服务，云计算的编程模型必须保证后台复杂的并行执行和任务调度向用户和编程人员透明。云计算采用 Map/Reduce 编程模式，此模式借鉴了函数式语言，将大问题分解为很多小问题，通过 Map 函数映射到集群中的各个节点上执行，各节点产出的结果则通过 Reduce 函数进行汇集。

8.2.4　云计算的实现形式

在云计算中，服务集合被划分成应用层、平台层、基础设施层和虚拟化层 4 个层次，每一层都对应着一个子服务集合，云计算的服务层次是根据服务集合来划分的。通常，它的服务类型分为 3 类：基础设施即服务（Infrastructure as a Service，IaaS）、平台即服务（Platform as a Service，PaaS）和软件即服务（Software as a Service，SaaS），三者的层次关系如图 8-2 所示。

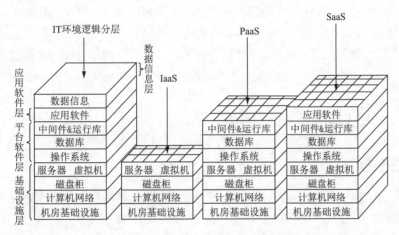

图 8-2　IaaS、PaaS 和 SaaS 的层次关系

1. 基础设施即服务（IaaS）

基础设施即服务一般指云计算服务商向个人或组织提供虚拟化计算资源，如虚拟机、存储、网络和操作系统。这是一种硬件托管型方式，用户付费使用服务商提供的硬件设施。如 Amazon Web Service（AWS）、IBM 的 Blue Cloud 等均是将基础设施作为服务出租。IaaS 的优点是用户只需低成本的硬件，按需租用相应计算能力和存储能力，大大降低了用户在硬件上的开销。

2. 平台即服务（PaaS）

平台即服务是为开发人员提供构建应用程序和服务的平台，即开发、测试和管理软件应用程序的开发环境。用户基于该服务引擎可以构建各种应用，因此这种方式是把开发环境作为一种服务来提供。从用户角度来说，这意味着他们无须自行建立开发平台，也不会在不同平台兼容性方面遇到困扰。典型的服务平台有 Google 的 Apps 和微软的 Azure。

3. 软件即服务（SaaS）

软件即服务是云计算提供商托管和运行应用程序并通过互联网向用户提供按需付费的服务。这种服务模式的优势是由服务提供商提供软件运行的硬件设施并且维护和管理软件，用户只需拥有能够接入互联网的终端，即可随时随地使用软件。这种模式下，客户不再像传统模式那样花费

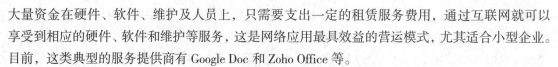

大量资金在硬件、软件、维护及人员上，只需要支出一定的租赁服务费用，通过互联网就可以享受到相应的硬件、软件和维护等服务，这是网络应用最具效益的营运模式，尤其适合小型企业。目前，这类典型的服务提供商有 Google Doc 和 Zoho Office 等。

无论是 SaaS、PaaS 还是 IaaS，其核心概念都是为用户提供按需服务。于是产生了"一切皆服务（Everything as a Service，EaaS 或 XaaS）"的理念。基于这种理念，以云计算为核心的创新型应用不断产生。

8.2.5 云计算的发展趋势

2011 年后云计算从概念化逐渐走向实际应用。无论是政府、企业，还是高校、研究机构、媒体等都纷纷参与到云计算产业生态的建设中，云计算产业快速发展。较为简单的云计算技术已经普遍服务于大众，最为常见的云服务有电子邮箱、网络云盘和搜索引擎等。云计算与医疗结合，实现了医疗资源的共享和医疗范围的扩大，提高医疗机构的效率，方便居民就医；云计算与金融结合，方便居民完成各种金融活动，如银行转账、股票交易和基金买卖等，人们只需在手机终端上简单操作即可完成；云计算与教育结合，可以将所需要的教育硬件资源虚拟化，例如，现在流行的慕课就是教育云的一种应用。未来云计算与各行各业的结合仍将继续深化。

8.3 人工智能

8.3.1 人工智能概述

人工智能（Artificial Intelligence，AI）就是人造智能，是指用机器模拟或实现人类智能。人工智能虽然是计算机科学的一个分支，但它的研究还涉及脑科学、神经生理学、心理学、语言学、逻辑学、认知（思维）科学、行为科学、生命科学和数学，以及信息论、控制论和系统论等许多学科领域。人工智能可以分为强人工智能和弱人工智能。所谓强人工智能是指能够执行通用任务的人工智能，并且能够进行通常意义上的学习、推理、认知和交流，目前强人工智能还没有实现。弱人工智能是指解决特定领域问题的人工智能，如语音识别、图像识别、文字识别、智能写作等，弱人工智能在诸多领域中已经实现了。

8.3.2 人工智能的简要发展史

1936 年，英国数学家图灵提出了一种计算机的数学模型，即图灵机，为后来电子数字计算机的发展奠定了理论基础，图灵因此被称为计算机科学之父。同时图灵也是人工智能之父，他在1950 年提出了图灵测试理论，这是最早的人工智能水平测试理论。图灵测试指出：人们利用机器和另外一个人聊天（语音形式或文字形式均可），如果聊天之后有 30% 的人认为是在和真人（而实际上是机器）聊天，那么这台机器就通过了图灵测试，它就是具有智能的，图灵测试曾被作为早期人工智能水平的检测方法之一。

1956 年，在美国达特茅斯学院召开了一次历时两个月的研讨会，该会议由麦卡锡、明斯基、洛切斯特、香农共同发起，并邀请了 10 位来自数学、心理学、神经生理学、信息论和计算机等方面的学者和工程师，讨论有关机器智能的问题。会上首次采用了"人工智能"这一术语，从此，一门新兴学科正式诞生了。此后，人工智能在机器学习、模式识别、专家系统和自然语言处理等方面取得了令人瞩目的成就。

1957 年，心理学家 Rosenblatt 成功研制了感知机，这是最早的神经网络模型。1958 年，麦卡锡组建了世界上第一个人工智能实验室并发明了人工智能语言（List Processing，LISP）。1959 年，塞尔夫里奇推出了一个模式识别程序。

20 世纪 70 年代中期开始，人工智能由理论积累进入实际应用，其标志是专家系统（Expert System）在各领域取得了重大突破。专家系统是一种模拟专家解决特定领域问题的计算机程序系统，其核心是知识库，库中内容来源于专家提供的知识和经验，经过知识表示和推理判断，专家系统可以辅助人类做出决策。

人工智能受到世人瞩目源于其在博弈方面所取得的成功。1997 年，由 IBM 公司开发的超级计算机深蓝战胜了国际象棋冠军卡斯帕罗夫，这场"人机大战"的胜利表明了人工智能在博弈领域已经取得了非凡的成就。2016 年和 2017 年，谷歌公司的人工智能程序 AlphaGo 分别战胜了韩国的李世石和中国的柯洁，他们是当时围棋领域的顶尖人物代表，这标志着人工智能已经在棋类博弈方面超过了人类智能。

8.3.3　人工智能的主要关键技术

人工智能相关技术已经应用到人们日常生活的不同场景中，主要包含了机器学习、知识图谱、自然语言处理、人机交互、机器视觉、生物特征识别等关键技术。

1. 机器学习

机器学习（Machine Learning）是一门涉及概率论、统计学、模式识别、最优理论、神经网络、脑科学、计算机科学、算法复杂度理论等诸多领域的交叉学科，研究如何使计算机具备人类的学习能力，从已有的知识、经验和数据中找到规律、生成新知识，从而达到重组知识结构、完善自身性能的目的。根据学习模式或者学习方法的不同，机器学习有不同的分类方法。

（1）根据学习模式将机器学习分为监督学习和无监督学习。

监督学习是对数据样本进行标记，也就是告诉机器哪些是正确结果，哪些是错误结果，希望机器在面对新样本时能够根据某种策略输出正确的判决结果。监督学习在文字、语音、图像识别、网页检索、邮件侦测等领域应用广泛。

无监督学习不需要训练样本和人工标注数据，对于缺乏足够的先验知识或者难以人工标注的问题，无监督学习可以提供帮助（其常见任务是聚类）。无监督学习常被用于数据挖掘，从数据集中寻找规律，在数据压缩、经济预测、异常检测、图像处理、模式识别等领域应用广泛。

（2）根据学习方法可以将机器学习分为传统机器学习和深度学习。

传统机器学习从一些观测（训练）样本出发，试图发现不能通过原理分析获得的规律，实现对未来数据行为或趋势的准确预测。相关算法包括逻辑回归、隐马尔可夫算法、支持向量机算法、K 近邻方法、Adaboost 算法、贝叶斯算法和决策树算法等。传统机器学习平衡了学习结果的有效性与学习模型的可解释性，为解决有限样本的学习问题提供了一种框架。

深度学习是建立在深层结构模型的学习方法，典型的深度学习算法包括深度置信网络、卷积神经网络、循环神经网络等。深度学习又称为深度神经网络（指层数超过 3 层的神经网络）。深

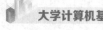

度学习由 Hinton 等人于 2006 年提出，是一种将特征表示和学习合二为一的方式，其特点是放弃了可解释性，追求学习的有效性，其运行速度和实用性比传统机器学习大大提升。目前主流的开源算法框架有 TensorFlow、Caffe/Caffe2、CNTK、MXNet、Paddle-paddle、Torch/PyTorch、Theano 等。

虽然深度学习在机器视觉等领域取得了令人瞩目的成就，但是在模型可解释性、数据集样本有限的问题求解、计算资源有限等情况下，传统机器学习仍有其优势。

2. 知识图谱

2012 年，谷歌正式提出知识图谱（Knowledge Graph）的概念，现已广泛应用于智能搜索、智能问答、个性化推荐等领域。知识图谱本质上是结构化的语义知识库，用于描述事物之间的概念及相互关系。通俗地讲，知识图谱就是把所有不同种类的信息连接在一起而得到的一个关系网络，提供了从"关系"角度去分析问题的能力。知识图谱的构建主要包含信息抽取、知识融合和知识加工三个阶段。信息抽取是指总结实体与属性、实体与实体间的相互关系；知识融合是对新知识进行整合、消除歧义；知识加工是对新知识甄别后加入知识库中。知识图谱可用于反欺诈、不一致性验证等安全保障领域，另外，在可视化展示和精准营销方面具有很大的优势。但是，知识图谱的发展还有很大的挑战，在数据的可访问性（无法得到数据）、数据的可发现性（数据的噪声问题即数据本身存在错误或冗余）、数据的深层关系等方面仍解决得不够理想。随着知识图谱应用的不断深入，这些关键技术需要突破。

3. 自然语言处理

自然语言处理（Natural Language Processing，NLP）是计算机科学与人工智能领域中的一个重要方向，主要研究人与计算机之间用自然语言进行沟通的理论和方法，在机器翻译、语义理解、舆情监测、文本分类、语音识别和问答系统等领域应用广泛，下面对机器翻译和语义理解做简单介绍。

1）机器翻译

机器翻译技术是指把输入的源语言通过机器翻译为另外一种语言的过程。可以分为文本翻译、语音翻译、图形翻译等。早期采用基于规则的方法，后来采用基于统计的方法，如今主要采用基于神经网络的方法，翻译性能取得巨大提升，在日常口语等场景应用已经非常成熟。随着上下文的语境表征和知识逻辑推理能力的发展，机器翻译将会在多轮对话翻译及篇章翻译等领域取得更大的进展。

2）语义理解

语义理解技术侧重对上下文的理解，要求机器能够实现意图理解与智能问答两大核心功能。随着 MCTest 数据集的发布，语义理解受到更多关注，取得了快速发展，相关数据集和对应的神经网络模型层出不穷。语义理解技术广泛应用于智能客服、车载导航、智能家居、穿戴式设备、智能机器人等领域。

4. 人机交互

人机交互技术（Human-Computer Interaction Techniques）主要研究人和计算机之间的信息交换，包括人到计算机和计算机到人的两部分信息交换。人机交互是与认知心理学、人机工程学、多媒体技术、虚拟现实技术等密切相关的综合学科。传统的人与计算机之间的信息交换主要依靠交互设备进行，主要包括键盘、鼠标、操纵杆、位置跟踪器、压感设备等输入设备，以及打印机、显示器、音箱等输出设备。未来语音交互、情感交互、体感交互及脑机交互等非传统交互技术将会蓬勃发展。人机交互技术的应用潜力已经开始展现，如可穿戴设备、游戏动作识别技术、远程医疗触觉交互技术及基于脑电波的人机界面技术等。

5. 机器视觉

机器视觉是使用计算机模仿人类视觉系统的科学，简单地说，就是用机器代替人眼来做测量和判断，广泛应用于自动光学检查、人脸识别、自动驾驶、机器人、产品质量检测、智能医疗等领域。机器视觉可分为计算成像学、图像理解、三维视觉等几类技术。

1）计算成像学

计算成像学是探索人眼结构、相机成像原理及其延伸应用的科学。在相机成像原理方面，计算成像学不断促进现有可见光相机的完善，同时也推动着新型相机的产生，使相机超出可见光的限制，如红外相机。计算成像学还可以提升相机的能力，通过算法处理完成图像去噪、增强、改善对比度、消除色差等。

2）图像理解

图像理解是通过计算机系统解释图像，研究图像中有什么目标，目标之间的相互关系，场景所描述的背景意义等。通常根据理解信息的抽象程度分为三个层次：浅层理解、中层理解和深层理解。浅层理解包括捕捉图像边缘、图像特征点、纹理元素等；中层理解包括划定物体边界、区域等；深层理解根据需要抽取的深层语义信息，大致可分为识别、检测、分割、姿态估计、图像文字说明等。目前图像理解算法已广泛应用于人工智能系统，如刷脸支付、智慧安防、图像搜索等。

3）三维视觉

三维视觉是研究如何通过机器视觉获取三维信息以及理解三维信息的科学，它包括三维感知、位置感知和三维建模。三维感知是通过单目、双目、结构光深度估计获得三维深度信息；位置感知是通过位姿估计技术获得相机的位置、目标的位置和姿态等信息；三维建模是获得场景的完整几何模型描述，其核心是三维理解。三维重建根据重建的信息来源分为单目图像重建、多目图像重建和深度图像重建等。三维视觉技术广泛应用于机器人、无人驾驶、影视娱乐、智慧工厂、虚拟现实等方向。

6. 生物特征识别

生物特征识别技术（Biometric Recognition）是计算机科学中利用人体所固有的生理特征（指纹、虹膜、声纹、面部特征、DNA 等）或行为特征（步态等）来进行个人身份鉴定的技术。生物识别技术无须复杂的密码，其认定对象是人本身，这种认证方式更安全、方便，其原理是每个人的生物特征通常具有唯一性和稳定性，不易伪造和假冒，所以以利用生物识别技术进行身份认定是目前最为安全、方便的识别技术。从应用流程来看，生物特征识别通常分为注册和识别两个阶段。注册阶段是对人体的生物特征进行采集，如指纹信息、人脸信息、声纹信息等，采集得到的数据经过预处理和特征提取后进行存储入库。识别阶段先对被识别人进行信息采集，然后将提取的特征与库内信息进行比对分析，完成识别。随着生物识别技术的发展，其破解技术也在不断发展，信息泄露和滥用都使得单一的生物识别技术不再安全可靠，基于多生物特征融合的识别技术成为新兴趋势。多生物特征融合识别的优点是：利用模仿品来同时骗过多生物特征基本上是不可能的，而且当个人在某项生物特征不便采集时亦可灵活调换其他特征进行鉴别。生物特征识别技术涉及的内容十分广泛，包括指纹、掌纹、人脸、虹膜、指静脉、声纹、步态等多种生物特征，其识别过程涉及图像处理、机器视觉、语音识别、机器学习等多项技术。目前生物特征识别作为重要的智能化身份认证技术，在金融、公共安全、教育、交通等领域得到广泛的应用。

8.3.4　人工智能的发展趋势

经过60多年的发展，人工智能在算法、算力（计算能力）和算料（数据）等方面取得了重要突破，已经完成了从"不能用"到"可以用"的跨越，但是距离"很好用"还有一定距离。世界各国高度重视发展人工智能技术，2017年，我国发布了《新一代人工智能发展规划》，将新一代人工智能技术放在国家战略层面进行部署，旨在掌握人工智能技术的先发优势，把握新一轮科技革命战略主动。目前我国在计算机视觉、智能机器人和自然语言处理等领域已经处于世界领先水平。百度、腾讯、阿里、美团、滴滴等互联网企业在搜索、驾驶、购物、交通等多个领域广泛使用人工智能技术；科大讯飞、商汤科技等分别在智能语音技术、智能图像识别技术等领域取得重大突破；大疆、新松等新型智能装备企业市场占有率稳步上升；华大基因、阿里健康等则在基因测序和医疗健康等领域助力社会发展。

在可以预见的未来，人工智能从专用领域向通用领域转变是必然趋势，这对于研究人员来说既是机遇也是挑战。借助脑科学和认知科学的研究成果，人机混合智能将会迎来发展机遇，通过人机协同更加高效地解决复杂问题，人类智能将得到自然延伸，人工智能系统的性能亦将大幅提升。人工智能与其他学科的交叉融合将会加速，人工智能产业将蓬勃发展，进而推动人类进入新型智能社会。

●扫码练习

第8章习题